智能结构的损伤诊断研究及其传感器优化配置

董晓马 著

黄河水利出版社

图书在版编目(CIP)数据

智能结构的损伤诊断研究及其传感器优化配置 / 董晓马著. —郑州：黄河水利出版社，2008.1
ISBN 978－7－80734－327－1

Ⅰ.智…　Ⅱ.董…　Ⅲ. 工程结构–损伤–诊断　Ⅳ.TU317

中国版本图书馆 CIP 数据核字(2007)第 205890 号

组稿编辑：王路平　电话：0371-66022212　E-mail:wlp@ycrp.com

出 版 社：黄河水利出版社
地址：河南省郑州市金水路 11 号　邮政编码：450003
发行单位：黄河水利出版社
发行部电话:0371-66026940、66020550、66022620（传真）
E-mail:hhslcbs@126.com
承印单位：河南省瑞光印务股份有限公司
开本:850 mm×1 168 mm　1 / 32
印张:5.125
字数:150 千字　印数:1—2 200
版次:2008 年 1 月第 1 版　印次:2008 年 1 月第 1 次印刷

定价：15.00 元

前　言

损伤自诊断功能是智能结构应用的一个非常重要的方向，它是智能结构研究的核心内容之一，而结构损伤诊断方法和传感器的优化配置是关联结构损伤自诊断功能的两个重要问题，这两个问题的研究，对智能结构自诊断功能的研究及其应用具有重要的理论意义和实用价值，因此本书主要介绍了作者在智能结构损伤自诊断方法及其传感器优化配置方面的一些研究成果。

本书的主要内容有：①在对传统的基于频率的结构损伤识别机理进行阐述的基础上，理论推导了基于频率的改进损伤指标(包括改进的损伤定位指标与改进的损伤程度识别指标)；②为消除损伤程度对应变模态差矢量的影响，本书对应变模态差矢量进行了标准化，建立了与损伤程度无关的标准化应变模态差指标，并给予了理论证明，且通过复合材料悬臂梁数值算例进行了验证，还提出了一种结合改进的基于频率损伤定位指标与标准化应变模态差的“组合损伤指标”作为网络的输入特征参数进行结构的损伤位置识别；③考虑到避免复合因素的识别，简化损伤诊断问题的复杂性，提出了一种基于模态分析与神经网络的智能结构多级损伤诊断策略，具体内容有基于径向基神经网络(RBFNN)的损伤报警、基于自适应概率神经网络的损伤定位、基于改进 BP 神经网络的结构损伤程度识别等 3 个方面，并对它们的基本原理、技术的实现方法进行了研究；④提出一种基于应变模态保证准则的应变传感器优化配置准则以及基于应变模态矩阵信息阵的 2–范数，初步拟定一小组传感器布位的方法；⑤研究基于改进遗传算法的剩余传感器布位优化的方法。

本书的研究成果得到了国家自然科学基金委员会的资助，在此表示衷心的感谢。

由于作者水平有限，书中难免有疏漏及错误之处，衷心地希望读者批评指正。

作　者

2007 年 10 月于郑州

目 录

第 1 章 绪 论

1.1 智能材料结构概述

1.1.1 智能材料结构概念

现代空间结构正在向着大型化、复杂化的方向发展，而这些大型复杂结构如飞机、航天飞机、高层建筑、离岸结构、新型桥梁、大跨度网架结构等在复杂的服役环境中将受到设计荷载的作用以及各种突发性外在因素(外来物冲击、地震、爆炸等)的影响，从而在结构的不同位置造成不同程度的损伤。尤其是由复合材料制成的结构，在拉压、冲击或疲劳等荷载作用下，易产生裂纹、纤维脱黏或断裂、脱层等多种形式的内部损伤，这些损伤的隐蔽性强，损伤类型和程度难以判断，较难进行实时检测。这些因素降低了结构工作的可靠性和安全性，如不及时发现和采取相应的措施，会造成结构损伤积累，必将导致结构的突然失效，造成人员伤亡和巨大的财产损失。为了保证结构的安全，就需要一个有效的结构健康监测和损伤检测方法，使损伤积累尚未到达威胁结构安全的程度之前就能够被检测出来，从而对损伤结构给予及时修复，保证结构的安全运行。目前，用传统的无损检测如超声、X 射线、CT 扫描、涡流检测法等[1, 2]方法对材料结构进行损伤检测，检测结果基本上能达到人们要求，但是它们所用的仪器笨重、复杂，费用昂贵，且需要大量人力，维护和维修周期较长，根本无法对结构进行实时检测。另外，对于一些不可见、不开敞的部位，该类技术不仅无法实施，甚至要求结构的一些功能停止使用或停止工作。例如，要求在民用客机停飞、发电机组停止运转的情况下进行测试，这非常不经济、甚至无法做到。

随着材料科学、控制理论、电子技术、计算机技术、传感器技术等高新技术的发展，针对上述问题，众多学者和国家[3-9]在进行了深入研究与探索的基础上，将“智能材料结构(Smart/Intelligent Materials and Structures)”概念引入其中，智能材料结构又称机敏结构，指将传感器和驱动器以及有关信号处理器和控制电路集成在材料结构中，通过机、光、电、热等激励和控制，不仅具有承受载荷的能力，而且具有识别、分析、处理及控制等多种功能，能进行自诊断、自适应、自修复的材料结构[10, 11]。这种集传感器、驱动器、信号处理器和控制系统于一体的材料结构体现了生物特有的属性，赋予结构健康自诊断、环境自适应和损伤自修复等某些智能功能与生命特征，达到增强结构安全、减轻质量、提高性能等目标，把目前广泛使用的离线、静态、被动的检测转变为在线、动态、实时状态下的自监控、自诊断、自修复与自适应，是当今国内外工程与材料领域中最活跃的研究课题之一。

智能材料结构的概念经历了两个发展阶段。将传感元件集成在材料中构成带有内置传感系统的结构，称为被动机敏结构。被动机敏结构能够监测自身的状态变化，从而确定自身结构的完整性、损伤程度、变形以及振动情况等。在被动机敏结构中集成驱动元件就形成主动机敏结构。主动机敏结构不但能感知自身状态的变化，而且能够修正自身的状态以满足不同的需要，例如阻止不希望的振动、改变结构的形状等。

根据智能材料结构组成中所用传感元件的不同，可将智能结构分为压电智能结构、光纤智能结构、形状记忆合金智能结构等；按使用基体材料的不同，可将智能结构分为非金属系智能结构(包括智能复合材料结构、高分子系智能材料结构)与金属系智能结构。

1.1.2 智能材料结构基本组成

从功能和智能化方面讲，智能材料结构的基本组成如图 1.1 所示，主要是由传感元件、驱动元件、控制系统、传感信息传输以及执行指令传输 5 个部分组成。从解剖学的角度来看，智能材料结构相当于一个由骨骼、神经、肌肉和大脑组成的系统。智能结构的基体材料相当于人体的骨骼，埋入基体材料中的传感元件相当于神经系统，驱动元件相当于人体的肌肉，而处理和控制系统可视为人的大脑。

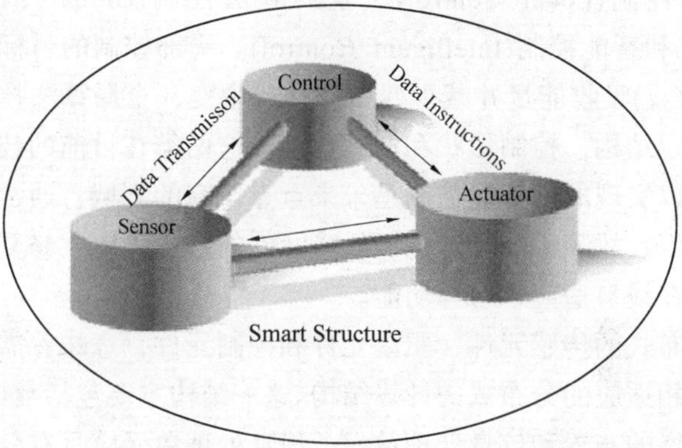

图 1.1　智能结构的基本组成

在智能结构中，使结构感受周围环境变化的一类功能元件叫传感元件，它相当于人的神经系统。通过埋入(或粘贴)于基体材料内部(或表面)的传感元件能够有效地感知外部环境变化和内部状态变化，收集外部和内部信息，它是结构实现智能化的基础。目前，传感元件主要有：光纤传感器、PZT 和 PVDF 压电组件、电阻式组件、形状记忆材料、电磁伸缩材料等。

智能结构中驱动元件应能高度分布、易于集成，它的作用相当于人的肌肉。驱动元件必须能对结构的机械状态施加足够的影响，能直接将控制器输出的电信号转变为结构的应变或位移，具有改变智能结构的形状、刚度、位置、固有频率、阻尼、摩擦、流体速率及其他机械特性的能力。目前驱动元件主要有：压电元件、形状记忆合金、电致(磁致)伸缩材料、电(磁)流变体、聚合物胶体等。

在智能结构中，控制系统是一个重要的组成部分，它所起的作用相当于人的大脑。智能结构控制系统包括信息处理系统、控制元件以及控制策略与算法，智能结构控制元件集成于结构中，其控制对象就是结构自身。智能结构的控制策略与算法分为三类，即局部控制(Local Control)、全局算法控制(Global Algorithm Control)和智能控制(Intelligent Control)。局部控制的目标是增大阻尼和(或)吸收能量并减少残留位移或应变；全局算法控制的目标是稳定结构、控制形状和抑制扰动。这两类在目前的技术水平下是可以实现的。智能控制是未来重点研究的领域，通常应具备系统辨识、故障诊断和定位、故障元件的自主隔离、修复或功能重构、在线自适应学习等功能。

分布式的传感元件、驱动元件和控制元件，意味着需要有一个与其相适应的分布式的计算结构。这一结构主要包括数据总线、连接网络的布置和信息处理单元。信息处理单元应具有分布式且和中央处理方式相协调的特点，对于复杂的应变系统，还应具有一定的鲁棒性和在线学习功能。

1.2 智能结构的研究现状

美国是最早从事智能材料结构研究的国家，军方和一些政府机构直接参与了这项工作。1979 年，美国国家航空航天局(NASA)启动了一项有关智能蒙皮的研究计划，首次将光纤传感器埋入先进聚合物基复合材料蒙皮中，用以监测复合材料的应变和温度，开始了智能材料结构系统的探索，并形成了光纤智能复合材料的雏形。此后，智能材料结构技术逐渐得到承认和重视；1995年，美国白宫科技政策办公室和国家关键技术评审组将智能材料结构技术列入“国家关键技术报告”；1997年，智能结构则被列为“基础研究计划”的六项战略研究任务之一。美国各军种、弹道导弹防御局(BMDO)和美国航空航天局以及波音、麦道和联合机身等大公司都分别制定了研究与发展计划，如弹道导弹防御局的“自适应结构计划”，陆军研究局的“智能材料与结构计划”，空、海军共同实施的“智能金属结构计划”，空军航天实验室的“智能结构蒙皮计划”，美国航空航天局的“控制–结构相互作用”计划等[12-15]。美国的一些大学也陆续参与和开展了光纤传感器监控复合材料固化、复合材料结构的无损检测与损伤评估、结构服役期间的工作状态监测以及疲劳、冲击损伤监测等方面的研究[16-19]。并取得了一些关键性成果。

美国一些研究计划已完成基础研究，进入预研和应用研究阶段。1995年，NASA对采用智能结构的F–15飞机的损伤自诊断以及重组飞行控制系统使飞机安全着陆的能力进行了飞行试验。同年，NASA和喷气推进实验室(JPL)对采用智能自适应结构的大型可展开空间结构进行了飞行试验，空军和海军则采用F/A–18飞机对智能金属结构舱壁进行了飞行试验。1996年春，美国国家弹道导弹防御局和国家空军对前者的“自适应结构计划”研制的智能蒙皮和可用于主动振动控制的压电智能结构进行了飞行演示验证。

欧洲智能材料与结构的研究以英、德、法、意为主。英国的研究涉及智能复合材料损伤监测、结构健康监控、分布式传感器和新型驱动器及其位置优化策略等[20-29]。1989～1991年，英、法、意3国的7家公司在欧共体的支持下完成了欧洲在此领域的第一个合作研究计划——复合材料光学传感计划，对采用光纤传感器测量复合材料内部应变、温度与固化监控进行了探索[30]。德国宇航研究院是欧洲从事这一研究的主要机构，其研究内容包括：自适应结构主动控制技术，传感器和驱动器优化布置，形状记忆合金的物理特性及其在智能结构中的应用等。目前，德国正在对自诊断光纤智能结构进行研究，以用于未来可重复使用飞行器的损伤探测和评估。

日本早在1984年即开始了针对航空、航天应用的自适应结构研究，其研究侧重于空间结构的形状控制和主动振动控制[31-33]。此后，日本在智能陶瓷、金属智能材料、高分子智能材料以及生物智能材料等领域均开展了卓有成效的工作[34,35]。1989年，日本航空电子技术审议会提出了进行具有对环境变化做出响应能力的智能型材料的研究，并在其科技发展预测报告中称：将在2010年开发出具有识别、传递、输出和环境响应功能的智能材料[36,37]。

我国对于这一新兴学科的研究也十分重视。1991年，国家自然基金会将智能结构列入国家高技术研究发展计划纲要的新概念、新构思探索课题，智能结构及其应用直接作为国家高技术研究发展计划(863计划)项目课题，航空基金于1993年起每年都将智能结构列入研究计划项目，此后的资助强度不断加大。目前，国内已有一批研究单位在该领域的研究达到国际先进水平。1991年，南京航空航天大学率先成立了智能材料与结构研究所，迄今已在强度自诊断自适应结构[38-42]、结构损伤检测评估[43-45]、光纤传感技术在结构智能化中的应用[46-50]，以及利用压电元件对结构进行减振降噪等方面取得了阶段性的研究成果[51-53]，并在结构自修复方面也进行了一定的研究[54-56]，且于2001年举办了第一届亚太地区智能材料与结构学术研讨会[57]。重庆大学进行了具有分布式光纤传感系统的自适应结构研究，并使部分研究成果走出了实验室，应用在桥梁、建筑等工程[58-60]。西安交通大学在压电层合板、形状记忆合金智能结构等方面作了深入的理论研究工作[61-66]。此外，中国科学技术大学、哈尔滨工业大学、北京航空航天大学、西北工业大学等院校也都从不同角度对智能结构进行了研究，并取得了多项研究成果[67-71]。

智能结构的研究目前经过基础性研究与探索，已在基本原理、传感器研制、驱动器研制、功能器件与复合材料之间匹配技术、智能材料成型工艺技术、智能材料在特殊环境下的性能评价、主动控制智能器件等方面开展了许多工作，取得了较大的突破。并且，已经从基础性研究进入到预研和应用性研究阶段。预计若干年后将出现一批应用智能结构相关技术的国防装备与民用设施。

1.3 智能结构的研究内容

智能材料结构的研究涉及材料科学、化学、力学、生物、微电子技术、分子电子学、计算机、控制、人工智能等学科与技术，是多学科综合交叉的研究领域。因此，智能材料结构的研究范围十分广泛，涉及的学科领域众多，当前智能材料结构的研究内容主要包括以下几个方面。

1.3.1 传感元件和驱动元件材料的研究

新型传感元件和驱动元件材料的研究，是智能材料结构研究的基础，它的研究进展很大程度上决定了智能材料结构的实用化进程。

1.3.2 智能材料结构的设计和模拟

将传感元件、驱动元件埋入基体材料以及在基体内布置线路在一定程度上破坏了基体材料的完整性和连续性，影响材料结构的安全使用，导致结构使用寿命减少。另外，将传感元件埋入到基体材料也将影响传感元件的传感性能。因此，需要对智能材料结构的优化设计、性能模拟技术以及传感元件和驱动元件的优化布置等进行研究。

1.3.3 先进信号处理方法的研究

在智能材料结构中需要使用大量传感器来感知外界环境的变化，这些来自传感器的信息数量巨大，并且存在信息互补、信息冗余，因此需发展更先进的信号处理技术对多输入、多输出信息进行处理，从而使得结构具有演绎、归纳和决策能力。此外，还需要研究智能材料结构损伤特征提取的先进信号信息处理技术以及更先进的控制算法，以使智能材料结构具有损伤自诊断、自适应和自修复的能力。

1.3.4 智能材料结构的集成制造技术研究

智能材料结构的集成制造技术包括智能材料结构的传感元件及驱动元件的埋入技术、组装及自动化生产技术。

1.3.5 智能材料结构的应用研究

(1)智能复合材料成型工艺的在线监控技术。以测量固化进程中表征参量的传感器为基础，结合复合材料固化机理模型和控制准则组成固化在线监控系统，可以从根本上提高复合材料制品的生产过程的可靠性。

(2)智能结构健康监控系统的研究。通过埋入结构中的传感器和驱动器，对结构的安全状况进行在线监测和控制，如建筑、桥梁、大坝、公路运输系统、飞行器、舰船等使用过程中的寿命、损伤产生及扩展、损伤的抑制及修复等。

(3)智能结构振动主动控制系统的研究。利用智能结构的传感器，对结构的振动进行实时的监测；同时，利用驱动器并结合相应的控制规律，对结构的振动进行主动控制。

(4)形状自适应改变智能结构的研究。包括可变形状自适应机翼、空间伸展机构等。

(5)智能蒙皮的研究。将微型化的电子系统与功能材料和结构材料相结合，使结构材料不仅具有常规的承载能力和自适应结构的动作功能，而且还具有电子设备的某些功能。

1.4　关于 FBG 智能复合材料结构

由于光纤传感器与传统电子传感器相比，具有直径小，柔韧性好，质量轻，灵敏度高，动态范围宽，可靠性高，成本低，抗电磁干扰，耐腐蚀，能应用于高温、高压、腐蚀性强和危险性大的场合等一系列优点[72]，因此应用先进的光纤传感技术对复合材料的制造和服役过程进行监测，得到了美国、英国、日本等国家众多研究者的认可和重视[73-82]，并在研究过程中逐渐形成了“光纤智能复合材料结构”的概念。

将光纤传感器埋入复合材料结构中，赋予了结构自诊断的功能，可用来监测复合材料结构在服役期间的内部损伤，对结构的突发性失效提供预警，预防灾难性事故发生。光纤传感器能够克服一些传统的复合材料损伤检测方法的成本较高、设备复杂并且难以实现在线监测的不足，使得很多损伤能够及时发现和维修，且能够大大提高复合材料结构服役的可靠性，扩展复合材料的使用范围。应用光纤传感器监测复合材料的疲劳过程，能够实现结构在服役过程中疲劳状态的自评估和剩余寿命的自预报，为结构的安全使用和确定维护周期提供依据，为建立结构健康监测系统奠定了基础。

可用于智能复合材料结构的光纤传感器种类很多，主要有特种传感光纤传感器、刻纹光纤传感器、双绞合光纤传感器、光纤F–P干涉腔传感器、光纤布喇格光栅传感器(Fiber Bragg Grating, FBG)等[83]。其中，FBG 传感器是最具潜在应用前景的光纤敏感元件，也是当前研究的热点。FBG 是一种波长选择反射器，它所反射的信号的波长(即布喇格波长)会受到温度和应变的影响而发生变化，这种变化被称为“波长位移”。波长位移对温度和应变响应十分灵敏，这使得 FBG 可作为换能元件使用，用于传感许多物理或化学量值。与其他类型的光纤传感器相比，FBG 传感器具有如下优点：

(1)FBG 传感元可复合使用，能在同一光纤上传感多个同种量、不同种量或根据实际需要组成不同的阵列结构即光纤网络；

(2)可用波长编码方式传感信号而不依赖于信号的强度与幅度，这样可以免受光损耗、光源功率起伏的影响；

(3)FBG 传感器是自参考的，测量的是绝对量而不需要初始参考；

(4)在波分或时分的情况下，只用一台仪器即可对多个传感元询址，这能充分发挥光纤大容量的优势；

(5)此外，光栅很容易写入光纤芯部，集成在光纤中，无需研磨抛光、机械装配、连接、对准，只需适当地黏合或包封即成为传感器。

近年来，FBG 制作工艺不断地提高，特别是 FBG 自动化生产平台的建立，制作出高性能、低成本的可靠 FBG 已成为现实，同时波长解调技术也不断完善、成熟[84,85]，这些为 FBG 传感器在智能复合材料结构上的应用提供了可靠的保证。除可在智能复合材料结构应用外，智能油井和管道、智能土木工程建筑，以及航海传感都需要高质量、低成本、稳定性好、传感特性精密的光学传感器，FBG 传感器由于其波长编码、可同时测量多个物理量(温度、应力、压力等)，以及可在一路光纤上应用波分复用技术等自身的优点在上述领域已经得到了广泛关注,因此也可利用FBG传感器在上述领域对对象进行实时在线监测，如图1.2所示。

图1.2 FBG监测的示意

基于FBG传感器以上的优点，FBG传感器已成为光纤智能材料结构首选器件。目前，美国、日本、英国等许多发达国家都在开展大规模研究，并取得了进展[86-99]，已经基本实现了FBG传感器的产业化和工程化，如MOI、CiDRA、Weatherford等。我国从1991年开始开展了智能材料与结构研究，取得了一定的成绩[100-106]。然而，目前对基于FBG智能复合材料结构及损伤自诊断的研究还比较少，基本上处于起步阶段，因此研究利用先进光纤传感技术实现复合材料内部状态监测及损伤自诊断显得十分必要，无论对要求高性能复合材料的国防工业还是对不断扩展复合材料应用范围的民用领域都具有十分重要的科学意义和非常广阔的应用前景。

1.5 本书研究的目的

结构损伤自诊断功能是智能材料结构研究的核心内容之一，

它是智能材料结构应用的一个非常重要的方向，在实际应用的智能材料结构中占有很大的比重,其研究与应用具有很重要的意义。

结构损伤诊断方法和传感器的优化配置是关联结构损伤自诊断功能的两个重要问题，这两个问题的研究，对智能材料结构自诊断功能的研究及其应用具有重要的理论意义和实用价值。本书围绕国家自然科学基金项目“具有自诊断功能的智能夹层的研究(90205031)”而进行，主要从事基于 FBG 智能结构损伤自诊断方法及其传感器优化配置方面的研究，旨在为具有自诊断功能的光纤智能夹层的设计与实现提供理论指导。

1.6 本书研究的主要内容

本书针对基于 FBG 智能结构损伤自诊断方法的研究,采用模态分析与神经网络结合技术建立 FBG 智能结构的多级损伤诊断的网络模型，并以复合材料悬臂梁有限元数值仿真为主要手段，对该方法进行可行性分析。针对基于 FBG 智能结构损伤诊断的传感器优化配置问题，提出了基于应变模态保证准则(Strain Modal Assurance Criterion，SMAC)的应变传感器优化配置准则，并研究利用应变模态矩阵信息阵初步拟定出一小组传感器布位，然后采用改进遗传算法对剩余的传感器的布位进行组合优化，获取传感器的最优布位及最佳数目，并以一个复合材料四端简支板对上述方法的可行性进行分析，为实际传感器的优化配置提供指导。具体地讲，本书各章研究内容如下。

第 1 章为本书的绪论部分，首先介绍了智能材料结构的概念及其基本组成，然后详细地介绍了国内外智能结构的研究现状以及智能结构主要的研究内容，接着对有关 FBG 智能结构的概念、特点及研究意义进行了详细的阐述，最后论述了本书研究的主要目的以及研究的主要内容。

第2章研究了损伤诊断策略，考虑到避免复合因素的识别，简化损伤诊断问题的复杂性，提出基于模态分析与神经网络的智能结构多级损伤诊断策略，具体内容有损伤报警(即有无损伤的发生)、损伤定位、损伤程度的评估等3个方面。

第3章对基于模态分析的结构损伤诊断中频率损伤指标与应变模态技术进行了研究，具体内容介绍如下。

(1)基于模态频率的损伤定位指标改进研究。目前，基于模态频率的结构损伤定位中较为常用是 Adams 等提出的用频率变化比进行结构损伤定位，他们证明了在单一小损伤情况下，两模态的频率变化之比只是损伤位置的函数，而与损伤程度无关。之后，Hearn 和 Testa 对其进行改进，提出用归一化后的频率变化比进行结构的损伤定位。以上两种频率法指标是通过忽略结构运动摄动方程的二阶项得到，这些损伤指标仅适用于小损伤的位置识别。随着损伤程度的变大，频率变化比值(归一化后的频率变化比)也随着损伤程度在变化。如果再利用频率变化比(归一化后的频率变化比)进行结构的损伤定位，可能导致误判。因此，本书在对传统的基于频率的结构损伤识别的机理进行阐述的基础上，理论推导了改进的损伤定位指标,此改进指标适用于大小损伤的位置识别。以推导出改进损伤定位指标和第1阶标准化应变模态差指标组合的损伤指标作为神经网络输入，由网络输出标志结构损伤位置。

(2)基于频率的损伤程度识别指标改进研究。在已知损伤位置情况下，该改进指标只是损伤程度的函数。同时，还给出在小损伤情况下损伤程度的识别指标。以推导出的改进指标作为神经网络的输入，由神经网络输出标志结构损伤程度。

(3)建立了与损伤程度无关的标准化应变模态差指标。以应变模态进行损伤定位的一种常用方法是以应变模态差绝对值大小为依据，应变模态差绝对值最大的元素则是最可能的损伤位置。该方法虽给出了损伤的位置，但此处的最大元素值大小不仅与损伤位置有关，也与损伤程度有关。如果作为神经网络的输入量进行损伤定位时，很可能产生错误的判断。因此，本书在该方法基础上，研究建立了与损伤程度无关的标准化应变模态差指标。

第 4 章为基于神经网络的结构损伤诊断，对基于模态分析与神经网络的智能结构多级损伤诊断方法进行了研究，具体内容如下。

(1)基于径向基神经网络(RBFNN)损伤报警。损伤报警是多级损伤诊断的第一步，在这一步设计一个神经网络用来判断结构是否发生损伤并发出警告信号，这个神经网络大多采用 BP 网络，由于 BP 网络的一个权值或自适应可调参数在输入空间的每一点对任何一个输出都有影响，导致了网络学习速度很慢、训练时间比较长，而这对于结构在线检测来说是至关重要的。径向基神经网络(RBFNN)是一种典型的局部逼近神经网络，与全局逼近算法的 BP 网络相比，它在函数逼近与联想、模式分类、学习速度等方面都优于 BP 网络。因此，研究采用 RBFNN 作为判断损伤是否出现的损伤报警系统，应用神经网络新奇检测技术，以结构的固有频率为输入，由神经网络输出标志结构健康状态的信号，并与 BP 神经网络输出进行了对比。

(2)基于自适应概率神经网络损伤定位。由于结构的振动测试必然会受到环境噪声的影响，实测到的结构振动特性、响应等参数是具有不确定性的，而概率神经网络(PNN)以贝叶斯概率的方法描述测量数据，具有从噪声污染的测试数据中进行损伤分类的能力。考虑到国内对 PNN 在损伤诊断中应用研究尚很少，特别是自适应 PNN。因此，尝试研究利用自适应 PNN 对结构进行损伤定位，以改进损伤定位指标和第 1 阶标准化应变模态差指标组合的损伤指标作为输入，由网络输出标志结构损伤位置，并与传统 BP 神经网络、PNN 进行对比。

(3)基于改进 BP 神经网络的结构损伤程度识别。

第5章从试验的角度对上述基于模态分析与神经网络的智能结构多级损伤诊断技术可行性进行了研究。

第6章为FBG传感器的优化配置方法研究。进行传感器的优化配置，首先要确定合理的、能反映测试要求的优化配置准则。而目前国内外学者提出的优化配置准则则是基于以位移模态为目标对传感器布位进行优化的配置准则，适用于测量位移振型的传感器位置优化。而本书所研究的基于FBG智能结构损伤诊断所用的FBG传感器测量的是应变(应变模态)，由于应变(应变模态)与位移(位移模态)在空间坐标上的大小不存在一致对应关系，所以上述优化准则并不适用于FBG应变传感器位置的优化，并且至今尚未有关于应变传感器位置优化的相关研究。因此，本章基于第3章理论推导的应变模态具有正交性这一性质，提出了基于应变模态保证准则的应变传感器优化配置准则，并对利用应变模态矩阵信息阵的2–范数初步拟定出一小组传感器布位进行了研究，然后研究采用目前发展起来的改进遗传算法对剩余的传感器的布位进行组合优化。

第7章为结束语部分，进行全书总结以及展望有待进一步研究的内容。

第 2 章 损伤诊断策略

2.1 引 言

结构在使用过程中会因各种因素影响而产生性能退化和损伤积累，试图了解结构的损伤状态，为其安全决策提供可靠依据，是当前智能结构研究的热点问题之一，即所谓的智能结构损伤检测(Damage Detection)和健康监测(Health Monitoring)。目前，广泛使用的一种损伤检测方法是目测诊断法(Visual inspection)，其缺点为：它依靠观察者的经验来检测，对大型复杂的结构，不但耗时耗力，而且难以发现隐蔽的结构损伤。其他已被应用于结构评估的一些传统无损检测技术包括 X 射线检测、电磁检测、超声波检测、CT 扫描等，属于局部检测法，需要事先知道损伤的近似位置，适用于小型结构物的损伤检测；而且它们所用的仪器笨重、复杂，费用昂贵，且需要大量人力，维护和维修周期较长，无法对结构进行实时检测。另外，对于一些不可见、不开敞的部位，该类技术不仅无法实施，甚至要求结构的一些功能停止使用。此外，上述检测方法都难以定量地评估损伤程度。

基于振动模态分析的损伤检测方法以其经济性、高效性和结构动态响应的全局性等优点迅速成为当前国内外研究的热点之一[107-112]。其损伤检测基本原理是结构一旦出现损伤，结构参数(如刚度、质量、阻尼等)将随之发生变化，相应地就会导致结构的动力响应特性(如固有频率、模态振型等)的变化，从而使结构显示出与正常结构相区别的动态特性。以结构的动力特性为“健康”状况的识别指标，根据这些指标的变化就可以推断出结构损伤的状况。近 20 多年来，众多的国内外学者对基于振动模态分析的结构损伤检测进行了深入的研究，提出了许多方法[113-136]，这些方法往往存在需要求解复杂的、计算量大的数学反演问题以及由于随机、模糊和信息不完备等因素的影响而造成实测数据不准、存在误差、测试数据不足等问题以及运算速度缓慢和误判等情况[137]，而这对实时在线结构监测来说是致命的，唯有提高反演速度和准确性，才会使结构损伤监测真正应用到实际中去。

神经网络以其信息的分布存储、大规模并行处理、高度的非线性以及很强的自学习能力和良好的容错性、鲁棒性等特点在近年来得到了长足的发展。它可以把逆问题正问题化，还可以在数据量大、信息领域不完整以及存在噪音数据的情况下较好地表达出训练样本所要求的决策区域。利用神经网络作为信息处理工具，可以克服上述损伤检测方法的缺点。因此，本书主要研究将模态分析技术与神经网络有机地结合起来对基于 FBG 智能结构进行损伤诊断与健康监测。

2.2　多级损伤诊断策略

基于振动模态分析的结构损伤检测的基本问题是如何从给定的结构动力特性的测量中确定损伤的出现、位置以及程度，为结构健康状态评估提供依据。文献[138]研究了同时诊断结构损伤位置和程度的方法，并指出如需对结构的损伤给出较为准确的评估，至少需要 $\sqrt{N_e}$ 阶模态，N_e 为结构单元数目。尽管此方法能够同时对结构的损伤进行定位和定量分析，但对于大中型结构其数目相当大，这样损伤评估时必须利用较高的模态数据。而在实际的振动测试过程中，要获得结构的高阶模态非常困难，有时甚至不可能，导致利用此方法对大中型结构的损伤评估不现实或数据不可靠。从模式识别的角度上讲，应尽量避免复合因素的识别，因为各种因素复合在一起相互交织使其间关系变得更加错综复杂，这样会掩盖某种损伤识别量，只检测其中一个因素的本来优异能力而导致混淆不清丧失检测能力，或者本来可以分门别类依次很简单地进行结构损伤诊断却因为复合在一起而根本没法正确、及时地识别。如果先识别出一个，就会在结构损伤检测的大集合中排除掉很多和另一个关系不大却又的确存在的干扰杂项，而剩下的待检测集合可能会大幅度地缩减，甚至用其他办法来完成这一步检测将会是非常简单的，因为在大的待检测集合中只剩下了它们，而一旦某个被识别的特征集合被确定，那余下的工作将是一般的模式识别问题。

因此，本书采用了多级损伤诊断策略，即将损伤诊断过程分为 3 个阶段：①损伤报警；②损伤定位；③损伤程度识别。步骤如图 2.1 所示。

图 2.1 多级损伤诊断策略示意

损伤报警是检测结构是否发生了损伤。由于此阶段不涉及损伤位置与损伤程度识别，通常可只根据频率变化来进行诊断。由于频率测量相对简单，测量精度高，因此它是 3 个阶段中最容易实现的一步。第一步诊断结果一旦确定损伤发生，然后就可启动较复杂的测试系统和分析系统进行结构损伤全面诊断(包括损伤定位和损伤程度识别)。

损伤定位是指对结构损伤位置的确定。损伤报警后，可进一步确定损伤所在的位置。在某些情况下，只通过频率测量也可以定位损伤位置，但更多情况下需要其他损伤位置指标来确定损伤的位置。

损伤程度识别是在已经确定了的损伤位置情况下识别结构的损伤程度。在损伤位置已知情况下，损伤程度越大频率的改变量越大，因此可利用频率改变量来识别结构的损伤程度。

2.3　神经网络技术

损伤诊断是结构动力学中典型的“反问题”，有时需要进行迭代才能得到损伤的进一步信息，而只有全面地掌握损伤信息才能对系统进行风险评估。但是，利用迭代法显然不够经济而且不一定能够形成收敛的算法，这对于要求进行实时在线的健康监测来说是不切实际或不经济的。另外，还有掌握的结构健康数据不完备等困难。由于这些因素的存在，使得许多识别方法变得无效。而神经网络的兴起和长足发展，为困扰着结构健康监测向更深层次前进的障碍指出了一种全新的可能解决方案。

应用神经网络技术是克服不完全测量和反问题所带来的困难的有效途径，20 世纪 90 年代以来被逐步应用于结构的监测与检测中[139-143]。人工神经网络是人们采用数理模型模拟生物脑结构和功能的一种信息处理系统。根据神经网络的良好非线性映射能力，可以将工程上结构损伤报警、定位、程度识别等反问题转化成正问题求解。这是由于神经网络通过学习建立的映射模型相当于事先计算好的图表蓝本，在识别过程中就利用该图表进行非线性插值，因此神经网络具有将反问题正问题化的功能，特别适合反问题的求解。虽然它的学习过程是慢过程，可能还离线，但是它的诊断过程却是快过程。

神经网络具有新奇检测功能。在损伤诊断领域，可以用神经网络的新奇检测技术来确定损伤是否发生(损伤报警)。首先用来自健康结构的实测响应或动态特性来训练网络，训练目的是使神经网络认识健康结构的动力模式。对训练好的网络，当接收到异常结构的相应数据时便会给出报警信号。

神经网络具有模式匹配和识别功能。在损伤诊断领域，可以利用这一功能从损伤结构的响应或动态特性中识别具体的损伤位置情况。首先，对结构分别引入各种可能的损伤位置情况，通过有限元模型进行模拟，从而获得各个损伤情况下的结构响应或动态特性。从这些模拟数据中提取既能反映损伤情况又便于测量的部分数据来训练神经网络。这种训练的目的是使神经网络认识各个损伤情况所对应的结构响应或动态特性。当将对应的实测数据输入上述已训练好的网络后，网络将通过模式匹配来确定这一输入所对应的损伤情况。在这个过程中，不需要建立损伤情况与结构响应之间关系的模型，不需要求解反问题，也不需要大量的输入数据。

在损伤位置已确定情况下，把不同的损伤程度作为各种损伤模式样本，用上述方法，同样可以利用已训练好的神经网络识别出结构损伤程度。

图 2.2 所示为基于神经网络技术的多级结构损伤诊断策略示意图。

将神经网络技术运用于损伤识别的各个阶段，在这一策略中，面向损伤诊断的有限元模型占有重要地位。建立面向损伤诊断的有限元模型，是大型工程结构损伤检测不可缺少的。模型的作用在于以下几方面。①损伤诊断方法的研究需要一个高精度有限元模型。借助有限元模型，通过对结构的静动力分析，确定结构中可能的损伤情况。通过对可能的损伤情况的模拟，分析结构静动力特性对损伤情况的灵敏度，以选取敏感的损伤指标。通过数值模拟探讨损伤诊断方法的可行性，研究有效的损伤诊断方法。②基于神经网络技术的损伤诊断方法，需要大量的神经网络训练数据，而这些数据一般都要通过高精度的有限元模型模拟来产生。③通过对结构的模态分析和可能的损伤情况模拟，指导结构健康监测系统的设计，或对已有监测系统进行评估和改进。另外，面向损伤诊断的测量，也需要数值模拟分析的指导。因此，在研究中，首先要为结构建立一个面向损伤诊断的有限元模型，此有限元模型应该具备高精度和便于对任意构件进行损伤模拟和有关分析的属性。

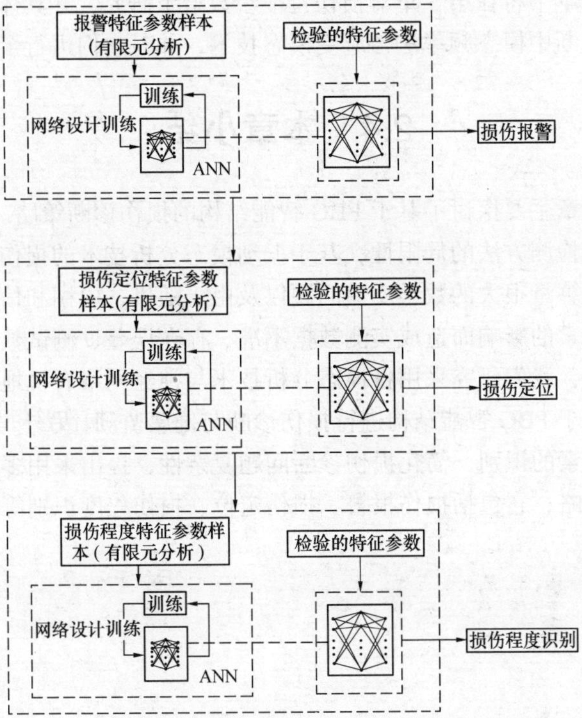

图 2.2　基于神经网络的多级结构损伤诊断策略示意

此外，神经网络输入特征参数的选择及其表达形式会直接影响损伤诊断的结果。目前，有许多文献采用经预处理后的固有频率作为神经网络的输入特征参数，也有采用位移模态、模态曲率、应变模态等参数作为输入特征参数，有些则采用位移、加速度时程响应数据，还有的采用频响函数作为神经网络的输入特征参数。这些针对不同问题选用的特征参数不仅没有可比性，而且在用来进行损伤定位时，往往与损伤程度有一定关系，严重地影响了损伤定位的精度。研究仅与损伤位置有关而与损伤程度无关的特征参数作为神经网络的输入参数来进行损伤定位，显得尤为重要。因此，本书将在第 3 章对损伤特征参数给予研究，并具体研究了损伤诊断中模态频率法与应变模态技术，并对它们进行了改进。

2.4 本章小结

本章主要探讨了基于 FBG 智能结构的损伤诊断策略。由于传统无损检测方法的局限性，基于振动模态分析技术的损伤诊断法存在计算量很大的数学反演问题以及由于随机、模糊和信息不完备等因素的影响而造成实测数据不准、存在误差、测试数据不足等问题，我们研究采用将模态分析技术与神经网络有机地结合起来对基于 FBG 智能结构进行损伤诊断与健康监测。另外，为避免复合因素的识别，简化损伤诊断问题复杂性，提出采用多级损伤诊断策略，它包括损伤报警、损伤定位、损伤程度识别等 3 个识别模块。

第 3 章　损伤诊断中模态频率法与应变模态技术及其改进

3.1　引　言

基于振动模态分析技术的结构损伤诊断是一种通过结构的响应或动力特性的变化来对结构的整体性能进行损伤检测的方法。就是对待测结构系统进行激励，通过振动测试、数据采集、信号分析与处理，由系统的输入和输出确定结构的动力特性(如固有频率、模态振型等)，根据结构系统的动力特性来反推结构的质量、刚度等物理特性。其诊断的核心思想是结构一旦出现损伤，结构参数(如刚度、质量、阻尼等)将随之发生变化，相应地就会导致结构的动力或响应特性的变化，根据这些指标的变化就可以确定结构损伤发生的位置以及程度[144]。

要确定结构损伤发生的位置和损伤程度，首先需要解决损伤敏感特征参数的选择问题，即决定以哪些物理量为依据能够更好地识别和标定损伤的程度与方位[145-148]，由于影响结构振动参数的因素较多，目前尚无统一和有效的对结构损伤程度和位置敏感的特征参数。有关研究者提出了各种各样的特征参数指标，并通过理论分析、模型实验、现场实验等手段对所提出的观点进行论证。这些敏感特征参数主要可分为两大类：一类是模态参数，如模态频率、阻尼比、位移模态、结构柔度矩阵等[149,150]，由于结构柔度矩阵是其位移模态的广义泛函，且两者的一阶变分在位置坐标上存在一致的对应关系，因此基于柔度矩阵的损伤定位方法和基于位移模态的损伤定位方法在本质上是相同的；另一类是应力应变参数,如应变分布[151,152]、应变能[153]、曲率模态和应变模态[150],曲率模态是应变模态的一种特殊形式，基于曲率模态的损伤定位方法和基于应变模态的损伤定位方法在本质上是相同的。还有一些其他的指标参数如能量转换率 ETR[149,154]等。在本书的研究中主要采用模态频率和应变模态两种敏感特征参数进行结构损伤诊断，这是因为:

(1)频率是最易测得的结构动力特征，也是当前技术测得最准的结构动力特征(低阻尼结构的频率识别的分辨率一般可达到0.1%，而同时其振型的误差可高达 10%甚至更多[155])。但对于对称结构，存在一个问题，即两个对称位置的损伤所引起的模态频率变化是完全相同的，以至于在这种情况下单独以模态频率为特征参数并不能确定结构损伤的确切位置，需要其他敏感特征参数予以组合，一起确定结构损伤的确切位置。

(2)研究[156-158]表明，应变模态对结构损伤的出现和位置要比位移模态敏感得多,在损伤的局部位置应变模态差有明显的峰值，且峰值大小随损伤程度的增加而增加[159,160]。在进行局部损伤定位时，只需使用少数低阶应变模态即可，而低阶模态的测试精度又容易保证。

(3)基于 FBG 智能结构的传感器所测量的物理量是应变(应变模态)。

本章首先介绍了模态分析的基本理论，然后在对传统的基于模态频率的结构损伤识别的机理进行阐述的基础上，从理论上推导了改进的损伤定位指标、损伤程度识别指标；其次，对基于应变模态的结构损伤诊断法进行了理论分析，建立了与损伤程度无关的标准化应变模态差指标；最后，以复合材料悬臂梁进行数值模拟验证，结果表明，所建议的改进的损伤定位指标、损伤程度识别指标与标准化应变模态差指标较原来指标更适合于作为结构损伤定位、损伤程度的敏感特征参数。

3.2　模态分析的基本理论

传统的模态理论包括实模态和复模态理论，它研究和描述系统的固有振动特性，其实质是一种坐标变换过程[161]，即利用模态作为 Ritz 基，将结构的动力学方程解耦成一系列单自由度动力学方程的总和，从而使 n 自由度系统的动力学特性可以用单自由度系统来表示，进而为理论分析或实验研究带来极大的方便。

由于一般黏性阻尼系统的复杂物理特性，使其应用受到了很大的限制，目前国际上流行的方法是最多地考虑到比例阻尼[162]，且参数的识别及结构损伤的敏感因子均在不考虑阻尼的保守系统下得到[163]。因此，在本书中主要介绍了实模态理论，有关复模态理论可参考文献[164]。

3.2.1　特征值问题

绝大多数振动结构可离散成为有限个自由度的多自由度系统，对 n 个自由度线性振动系统，其运动微分方程可用矩阵表示为

$$\boldsymbol{M}\ddot{x}+\boldsymbol{C}\dot{x}+\boldsymbol{K}x=f(t) \tag{3.1}$$

式中：$\boldsymbol{M}$、$\boldsymbol{C}$、$\boldsymbol{K}$ 分别为系统的质量矩阵、阻尼矩阵及刚度矩阵，且都是 $n\times n$ 阶的方阵。

对于线性振动系统，各系数矩阵通常是实系数对称矩阵。其中，质量矩阵 $\boldsymbol{M}$ 是正定矩阵，而阻尼矩阵 $\boldsymbol{C}$ 及刚度矩阵 $\boldsymbol{K}$ 是正定矩阵或半正定矩阵；x、$\dot{x}$、$\ddot{x}$ 分别是用物理坐标描述的 n 阶位移列阵、速度列阵和加速度列阵；$f(t)$是外部激励力的 n 阶列阵。

不考虑系统阻尼的影响，系统自由振动的运动微分方程用矩阵形式表达为

$$\boldsymbol{M}\ddot{x}+\boldsymbol{K}x=0 \tag{3.2}$$

令上述方程的解为

$$x = X\mathrm{e}^{j\omega t}$$

式中：$\boldsymbol{X}$是自由响应的 n 阶幅值列阵。将上式代入式(3.2)，得

$$(\boldsymbol{K} - \omega^2 \boldsymbol{M})\boldsymbol{X} = 0 \tag{3.3}$$

在结构振动分析中求解结构的固有频率和模态矢量的问题，转化为数学上求解振动特征值问题，如式(3.3)所示，ω^2 为特征值，$\boldsymbol{X}$ 为特征向量。由于式(3.3)中的 $\boldsymbol{K}$ 和 $\boldsymbol{M}$ 一般都不是 ω 的函数，即它们是常数矩阵，所以方程(3.3)为线性特征问题。

式(3.3)的特征方程可表达为

$$\det\left|\boldsymbol{K} - \omega^2 \boldsymbol{M}\right| = 0 \tag{3.4}$$

由式(3.3)的特征方程可解得系统的固有频率 $\omega_i\,(i = 1, 2, \cdots, n)$，即求得系统的无阻尼固有频率。将 ω_i 代入式(3.3)可求得对应的位移向量 $\boldsymbol{X}$，称为固有振型，并记为 ϕ_i。在系统作无阻尼自由振动时，振型 ϕ_i 内的元素均为实数。因此，无阻尼振动系统作固有振动时，各点皆同相或反相，或者同时达到最大值或最小值，或者同时经过平衡位置。

设 $(\boldsymbol{K} - \omega^2 \boldsymbol{M}) = \boldsymbol{Z}(\omega)$，式中 $\boldsymbol{Z}(\omega)$ 是阻抗矩阵；其逆矩阵为系统的传递矩阵 $\boldsymbol{H}(\omega)$，即

$$\boldsymbol{H}(\omega) = \boldsymbol{Z}(\omega)^{-1} = \mathrm{adj}(\boldsymbol{Z}(\omega)) / \det(\boldsymbol{Z}(\omega)) \tag{3.5}$$

式中：$\mathrm{adj}(\boldsymbol{Z}(\omega))$ 是阻抗矩阵 $\boldsymbol{Z}(\omega)$ 的伴随矩阵；$\det(\boldsymbol{Z}(\omega))$ 是阻抗矩阵 $\boldsymbol{Z}(\omega)$ 的行列式。

若对式(3.5)前乘 $\boldsymbol{Z}(\omega)$，则

$$\boldsymbol{Z}(\omega)\boldsymbol{Z}(\omega)^{-1} = \boldsymbol{Z}(\omega)\frac{\mathrm{adj}(\boldsymbol{Z}(\omega))}{\det(\boldsymbol{Z}(\omega))} = \boldsymbol{I} \tag{3.6}$$

由逆矩阵定义可知，$\boldsymbol{Z}(\omega)\boldsymbol{Z}(\omega)^{-1} = \boldsymbol{I}$，$\boldsymbol{I}$ 为单位矩阵，故

$$Z(\omega)\,\mathrm{adj}(Z(\omega)) = \det(Z(\omega)) \tag{3.7}$$

当 $\omega = \omega_i (i = 1, 2, \cdots, n)$ 时， $\det(Z(\omega)) = 0$ ，故

$$Z(\omega)\,\mathrm{adj}(Z(\omega)) = 0 \tag{3.8}$$

由式(3.3)可得

$$Z(\omega)X = 0 \tag{3.9}$$

将式(3.8)与式(3.9)相比较，可得特征向量 X 与伴随矩阵 $\mathrm{adj}(Z(\omega))$ 中任一不等于零的列成正比。由于特征向量可以相差一个比例系数，故可直接由伴随矩阵中取出一列作为特征向量。

由于特征向量可以相差一个比例系数，因此特征矢量只是定义它在 n 维空间中的方位，只有对每一特征矢量经过正则化后其特征向量才是唯一的。对振型进行正则化的目的就是提供一个一致的比较基准，通常取模态质量归一化 ($\phi_i^{\mathrm{T}} M \phi_i = 1$) 。在后面的论述中，所有的 ϕ_i 都是经过归一化的特征向量。

归一化后 ϕ_i 称为模态矢量(或模态)。将 n 个模态矢量 ϕ_i 按列排成一个 $n \times n$ 阶矩阵， $\boldsymbol{\Phi} = [\phi_1,\ \phi_2,\ \cdots,\ \phi_n]$ 称为系统的模态矩阵。

3.2.2　模态矢量的正交性

将第 i 阶的特征值 $\omega = \omega_i$ 及模态矢量 ϕ_i 代入式(3.3)，则得

$$K\phi_i = \omega_i^2 M \phi_i \tag{3.10}$$

同理，将第 j 阶的特征值 $\omega = \omega_j$ 及模态矢量 ϕ_j 代入式(3.3)，则得

$$K\phi_j = \omega_j^2 M \phi_j \tag{3.11}$$

用 ϕ_j^{T} 及 ϕ_i^{T} 分别前乘式(3.10)及式(3.11)，则得

$$\phi_j^{\mathrm{T}} K \phi_i = \omega_i^2 \phi_j^{\mathrm{T}} M \phi_i \tag{3.12}$$

$$\phi_i^{\mathrm{T}} K \phi_j = \omega_j^2 \phi_i^{\mathrm{T}} M \phi_j \tag{3.13}$$

由于质量矩阵 $\boldsymbol{M}$ 及刚度矩阵 $\boldsymbol{K}$ 是实对称矩阵，所以它们的转置矩阵 $\boldsymbol{M}^{\mathrm{T}}$ 及 $\boldsymbol{K}^{\mathrm{T}}$ 也是实对称矩阵，且 $\boldsymbol{K}^{\mathrm{T}}=\boldsymbol{K}$，$\boldsymbol{M}^{\mathrm{T}}=\boldsymbol{M}$。

将式(3.13)两边同时作转置运算，则方程变化为

$$\phi_j^{\mathrm{T}}\boldsymbol{K}\phi_i = \omega_j^2\phi_j^{\mathrm{T}}\boldsymbol{M}\phi_i \tag{3.14}$$

将式(3.12)与(3.14)相减，可得

$$(\omega_i^2-\omega_j^2)\phi_j^{\mathrm{T}}\boldsymbol{M}\phi_i = 0 \tag{3.15}$$

从式(3.15)可知，当 $i\neq j$ 时，即 $\omega_i^2-\omega_j^2\neq 0$ 时，可得

$$\phi_j^{\mathrm{T}}\boldsymbol{M}\phi_i = 0 \tag{3.16}$$

当 $i=j$ 时，即 $\omega_i^2-\omega_j^2=0$ 时，则得

$$\phi_j^{\mathrm{T}}\boldsymbol{M}\phi_i = m_i \tag{3.17}$$

对刚度矩阵 K，同样可得

$$\phi_j^{\mathrm{T}}\boldsymbol{K}\phi_i = 0 \quad (i\neq j) \tag{3.18}$$

$$\phi_j^{\mathrm{T}}\boldsymbol{K}\phi_i = k_i \quad (i=j) \tag{3.19}$$

式(3.16)～式(3.19)即为固有振型的正交性。式(3.17)、式(3.19)中的 m_i 及 k_i 称为第 i 阶的模态质量(广义质量)与模态刚度(广义刚度)。

把式(3.17)、式(3.19)代入式(3.12)中，有

$$\omega_i^2 = k_i / m_i \tag{3.20}$$

即

$$\Lambda = \mathrm{diag}[\omega_i^2] \tag{3.21}$$

上述诸式中，i 和 j 的值为 $1, 2, \cdots, n$ 。

再把式(3.16)～式(3.19)写在一起，变成矩阵形式，有

$$\left.\begin{aligned}\phi_j^{\mathrm{T}}\boldsymbol{M}\phi_i &= \mathrm{diag}[m_i]\\ \phi_j^{\mathrm{T}}\boldsymbol{K}\phi_i &= \mathrm{diag}[k_i]\end{aligned}\right\} \tag{3.22}$$

式(3.21)、式(3.22)分别称为谱矩阵、模态质量矩阵、模态刚度矩阵。式(3.22)表明，第 j 阶模态惯性力在第 i 阶模态运动中做功为零，第 j 阶模态弹性力在第 i 阶模态运动中做功为零。即各阶模态运动之间不发生能量交换，但每阶模态运动的能量(动能和势能)是守恒的，这一性质即为特征矢量关于 $\boldsymbol{M}$、$\boldsymbol{K}$ 的加权正交。

3.2.3　模态叠加原理

n 自由度线性振动系统的运动微分方程(3.1)是一组耦合的方程组，为了解耦，即为将上述相互耦合的方程组变成 n 个独立的方程，引入模态坐标 q。根据模态矢量的正交性，n 个线性无关的模态矢量 ϕ_i 构成一个 n 维矢量空间的完备正交基，称这一 n 维矢量空间为模态空间或模态坐标系。模态矢量具有特定的加权正交性，以其按列组合构成的模态矢量矩阵，可将物理空间和模态空间相联系。令物理坐标系中矢量 $\boldsymbol{x}$ 在模态坐标系中的模态坐标为 $q_i(i=1,2,\cdots,n)$，则

$$x=\sum_{i=1}^{n}\phi_i q_i=\boldsymbol{\Phi}q \tag{3.23}$$

式中：$\boldsymbol{\Phi}$ 为振型矩阵；q 为模态坐标。将式(3.23)代入式(3.1)，并左乘 $\boldsymbol{\Phi}^{\mathrm{T}}$，利用正交关系式(3.22)，可得

$$\mathrm{diag}[m_i]\ddot{q}+\mathrm{diag}[c_i]\dot{q}+\mathrm{diag}[k_i]q=\boldsymbol{\Phi}^{\mathrm{T}}f(t) \tag{3.24}$$

式中：假设阻尼矩阵 $\boldsymbol{C}$ 也满足振型正交性关系 $\boldsymbol{\Phi}^{\mathrm{T}}\boldsymbol{C}\boldsymbol{\Phi}=\mathrm{diag}[c_i]$。

由式(3.24)可知，相互耦合的 n 自由度系统的方程组经过正交变换后，成为在模态坐标下相互独立的 n 个单自由度系统的方程组。解耦后的第 i 个方程为

$$m_i\ddot{q}+c_i\dot{q}+k_iq=\phi_i f(t)=P_i \tag{3.25}$$

式中：P_i 称为第 i 阶模态力。

从式(3.25)可知，采用以固有振型描述振动的模态坐标后，n 个自由度振动系统的响应相当于在 n 个模态坐标下单自由度振动系统在第 i 阶模态力 P_i 作用下的响应之和，此即为模态叠加原理。

3.2.4 频响函数及其模态展开，有

设振动系统受简谐激励，有

$$f(t)=F\,\mathrm{e}^{j\omega t} \tag{3.26}$$

则系统稳定位移响应为

$$x=\boldsymbol{X}\,\mathrm{e}^{j\omega t} \tag{3.27}$$

式中：$\boldsymbol{X}$ 为激励幅值 n 阶列阵。

将式(3.26)、式(3.27)代入式(3.1)中，得

$$(\boldsymbol{K}-\omega^2\boldsymbol{M}+j\omega\boldsymbol{C})\boldsymbol{X}=F \tag{3.28}$$

或

$$\boldsymbol{X}=\boldsymbol{H}(\omega)F \tag{3.29}$$

式中频响函数矩阵为 $n\times n$ 阶复对称矩阵，即

$$\boldsymbol{H}(\omega)=(\boldsymbol{K}-\omega^2\boldsymbol{M}+j\omega\boldsymbol{C})^{-1} \tag{3.30}$$

$\boldsymbol{H}(\omega)$ 矩阵中第 i 行、第 j 列的元素为

$$\boldsymbol{H}_{ij}(\omega)=\frac{\boldsymbol{X}_i(\omega)}{F_j(\omega)} \tag{3.31}$$

等于仅在 j 坐标激励(其余坐标激励力为零)时，i 坐标响应与激励力之比。

将式(3.26)代入式(3.24)中，并考虑在模态坐标系下强迫振动的稳态位移响应

$$q=\boldsymbol{U}\,\mathrm{e}^{j\omega t} \tag{3.32}$$

得
$$\operatorname{diag}[k_i-\omega^2 m_i+j\omega c_i]\boldsymbol{U}=\boldsymbol{\Phi}^{\mathrm{T}}F \tag{3.33}$$

则
$$\boldsymbol{U}=\operatorname{diag}\left[\frac{1}{k_i-\omega^2 m_i+j\omega c_i}\right]\boldsymbol{\Phi}^{\mathrm{T}}F \tag{3.34}$$

将式(3.27)、式(3.32)代入式(3.23)中，并考虑式(3.33)，有

$$\boldsymbol{X}=\boldsymbol{\Phi}\boldsymbol{U}=\boldsymbol{\Phi}\operatorname{diag}\left[\frac{1}{k_i-\omega^2 m_i+j\omega c_i}\right]\boldsymbol{\Phi}^{\mathrm{T}}F=\sum_{i=1}^{n}\frac{\phi_i\phi_i^{\mathrm{T}}}{k_i-\omega^2 m_i+j\omega c_i}F \tag{3.35}$$

与式(3.29)相比，频响函数的模态展开，即

$$\boldsymbol{H}(\omega)=\sum_{i=1}^{n}\frac{\phi_i\phi_i^{\mathrm{T}}}{k_i-\omega^2 m_i+j\omega c_i}=\sum_{i=1}^{n}\frac{\phi_i\phi_i^{\mathrm{T}}}{m_i[(\omega_i-\omega^2)+j2\xi_i\omega_i\omega]} \tag{3.36}$$

式(3.36)即为用模态参数表示的频率响应函数矩阵,矩阵中第 i 行、第 j 列的元素为

$$\boldsymbol{H}_{ij}(\omega)=\sum_{r=1}^{n}\frac{\phi_{ir}\phi_{jr}}{m_r[(\omega_r-\omega^2)+j2\xi_r\omega_r\omega]} \tag{3.37}$$

式中：$\omega_r=\sqrt{k_r/m_r}$，为第 r 阶模态频率；$\xi_r=c_r/(2m_r\omega_r)$，为第 r 阶模态阻尼比。

从式(3.37)可以看出，n 自由度系统的频率响应等于 n 个单自由度系统频率响应的线性叠加。

对此模态系统，将模态展开式(3.36)展成

$$\begin{bmatrix}\boldsymbol{H}_{11}(\omega) & \boldsymbol{H}_{12}(\omega) & \cdots & \boldsymbol{H}_{1n}(\omega)\\ \boldsymbol{H}_{21}(\omega) & \boldsymbol{H}_{22}(\omega) & \cdots & \boldsymbol{H}_{2n}(\omega)\\ \vdots & \vdots & & \vdots\\ \boldsymbol{H}_{n1}(\omega) & \boldsymbol{H}_{n2}(\omega) & \cdots & \boldsymbol{H}_{nn}(\omega)\end{bmatrix}=\sum_{r=1}^{n}\frac{1}{k_r-\omega^2 m_r+j\omega c_r}\begin{bmatrix}\phi_{1r}\phi_{1r} & \cdots & \phi_{1r}\phi_{nr}\\ \vdots & & \vdots\\ \phi_{nr}\phi_{1r} & \cdots & \phi_{nr}\phi_{nr}\end{bmatrix} \tag{3.38}$$

由此可见，频响函数矩阵每个元素都包含该振动系统的各阶模态参数 m_i、k_i、c_i 或 ω_i、ξ_i，所以用频域法识别这些模态参数，

理论上只需频响函数矩阵中一个元素即可，而要用频域法识别系统的模态矢量，至少要使用频响函数矩阵的一列(一点激振，各点测量)或一行(依次各点激振，一点测量)元素。

3.3　基于模态频率的损伤诊断

从损伤识别能力上，模态频率、模态振型、应变模态、柔度矩阵等都是很好的损伤标识量。从经济的角度出发，频率是工程上最简单、最经济、最实用、最易获得的模态参数，精度又容易保证。另外，频率的整体辨识特性使测量点可以根据实际情况进行定制，这些都是基于频率损伤诊断的优势所在。

3.3.1　传统损伤定位指标

3.3.1.1　问题的描述

在数学上，基于模态频率的结构损伤诊断被视为反特征值问题。一个有 n 自由度离散系统的自由振动的特征值问题由下述方程描述，即

$$(\boldsymbol{K}-\lambda_i\boldsymbol{M})\phi_i=0 \tag{3.39}$$

此方程有 n 组特征值和特征矢量的解。对应的反问题被定义为

$$\left.\begin{aligned}&\text{已知：}\lambda_i\text{、}\phi_i\\&\text{解：}\boldsymbol{K}\end{aligned}\right\} \tag{3.40}$$

式(3.39)中的系统刚度矩阵 $\boldsymbol{K}$ 可以表达为

$$\boldsymbol{K}=\sum_{r=1}^{m}p_r\boldsymbol{K}_r^e \tag{3.41}$$

式中：K_r^e 为结构的单元刚度矩阵；p_r 为结构的单元完好系数(当 $p_r=1$ 时，表示完好；当 $p_r=0$，表示完全损坏)；m 为结构单元总数。

对应的反问题式(3.40)重新定义为

$$\left.\begin{array}{l}\text{已知：}\lambda_i\text{、}\phi_i\\ \text{解：}p_r\quad(r=1,\cdots,m)\end{array}\right\}\tag{3.42}$$

3.3.1.2　模态参数摄动

当结构有损伤时，结构整体刚度矩阵或质量矩阵产生了一个小的摄动量，则对 λ_i 与 ϕ_i 产生了一个小的改变量。

结构运动方程的摄动方程为

$$\{(\boldsymbol{K}+\Delta\boldsymbol{K})-(\lambda_i+\Delta\lambda_i)(\boldsymbol{M}+\Delta\boldsymbol{M})\}(\phi_i+\Delta\phi_i)=0\tag{3.43}$$

式中：$\Delta\boldsymbol{K}$、$\Delta\boldsymbol{M}$ 分别为由于损伤所引起结构整体刚度矩阵和质量矩阵的改变量；$\Delta\lambda_i$、$\Delta\phi_i$ 分别为特征值和特征矢量的改变量。

工程结构损伤使结构刚度明显降低，而质量分布几乎不产生改变，所以在方程(3.43)中，$\Delta\boldsymbol{M}$ 可以看做等于零，因而结构的刚度矩阵产生一个小的摄动量 $\Delta\boldsymbol{K}$，相应地使 λ_i 和 ϕ_i 产生 $\Delta\lambda_i$ 和 $\Delta\phi_i$ 的改变量。展开式(3.43)且忽略二阶项，则式(3.43)成为

$$\Delta\boldsymbol{K}\phi_i-\Delta\lambda_i\boldsymbol{M}\phi_i=\lambda_i\boldsymbol{M}\Delta\phi_i-\boldsymbol{K}\Delta\phi_i\tag{3.44}$$

用 ϕ_i^{T} 左乘式(3.44)，并利用 $\boldsymbol{M}$、$\boldsymbol{K}$ 为对称矩阵，可得

$$\Delta\lambda_i=\frac{\phi_i^{\mathrm{T}}\Delta\boldsymbol{K}\phi_i}{\phi_i^{\mathrm{T}}\boldsymbol{M}\phi_i}\tag{3.45}$$

当结构出现损伤后，$\Delta\boldsymbol{K}\leqslant 0$，所以 $\Delta\lambda_i\leqslant 0$。又有 $\lambda=\omega^2$，所以 $\Delta\omega\leqslant 0$。这就说明了当一个完好的结构在某处出现损伤时，其频率将减小，这就解释了文献[165]中关于结构损伤后频率向低频漂移的现象。

由式(3.41)可得

$$\Delta\boldsymbol{K}=-\sum_{r=1}^{m}(1-p_r)\boldsymbol{K}_r^e=-\sum_{r=1}^{m}\alpha_r\boldsymbol{K}_r^e\tag{3.46}$$

式中：α_r 为结构单元损伤因子(当 $\alpha_r=1$ 时，表示完全损坏；当 $\alpha_r=0$，表示完好)。将式(3.46)代入式(3.45)，得

$$\Delta\lambda_i = -\frac{\sum_{r=1}^{m}\alpha_r\phi_i^{\mathrm{T}}\boldsymbol{K}_r^e\phi_i}{\phi_i^{\mathrm{T}}\boldsymbol{M}\phi_i} \tag{3.47}$$

在本书中只研究单损伤情况，对于多损伤情况可视为连续的单损伤情况，因此式(3.47)可化简为

$$\Delta\lambda_i = -\frac{\alpha_r\phi_i^{\mathrm{T}}\boldsymbol{K}_r^e\phi_i}{\phi_i^{\mathrm{T}}\boldsymbol{M}\phi_i} \qquad (i=1,2,\cdots,n) \tag{3.48}$$

3.3.1.3 损伤判据

从式(3.47)和式(3.48)中可清楚地看出：频率是由结构损伤程度(α_r)和损伤位置(单元 r)复合决定的，如果损伤位置一定，则损伤程度越大频率的改变量越大；损伤位置对频率改变的影响相当复杂。一些位置的损伤对某些低频成分影响大，而另一些位置的损伤则对某些高频成分的影响大，还有一些位置的损伤对结构某些特定频率的改变影响不大，甚至没有影响，因此本书提出先进行结构损伤定位，一旦结构损伤的位置确定下来，则结构损伤的程度就成了频率改变的单因素函数。

由式(3.48)可得前 n 阶模态频率平方改变量为

$$\sum_{j=1}^{n}\Delta\lambda_j = -\alpha_r\sum_{j=1}^{n}\frac{\phi_j^{\mathrm{T}}\boldsymbol{K}_r^e\phi_j}{\phi_j^{\mathrm{T}}\boldsymbol{M}\phi_j} \tag{3.49}$$

将式(3.48)、式(3.49)相除，得第 i 阶归一化频率平方改变量比为

$$\frac{\Delta\lambda_i}{\sum_{j=1}^{n}\Delta\lambda_j} = \frac{\phi_i^{\mathrm{T}}\boldsymbol{K}_r^e\phi_i}{\phi_i^{\mathrm{T}}\boldsymbol{M}\phi_i}\frac{1}{\sum_{j=1}^{n}\frac{\phi_j^{\mathrm{T}}\boldsymbol{K}_r^e\phi_j}{\phi_j^{\mathrm{T}}\boldsymbol{M}\phi_j}} \tag{3.50}$$

这样就得到发生损伤后第 i 阶归一化频率平方改变量比仅仅是损伤位置的函数，而与损伤程度无关，即损伤位置一定时损伤程度大小不影响式(3.50)的比值，据此公式可进行结构损伤的

定位。

待损伤位置确定后，根据式(3.48)可知，结构损伤的程度成了模态频率平方改变量的单因素函数。所以，由模态频率平方改变量的大小可确定结构损伤的程度。

3.3.2　改进的损伤指标

在上述部分，通过忽略结构运动摄动方程的二阶项得到了模态频率与损伤参数之间关系——传统损伤定位指标，这个损伤定位指标适用于小损伤的诊断。在损伤位置确定的情况下，随着损伤程度的变大，式(3.50)的比值不是常数，而是随着损伤程度在变化。因此，如果再利用式(3.50)进行结构的损伤定位，可能导致误判。在这一部分，我们理论推导了改进的损伤定位指标和损伤程度指标，这些改进指标适用于大小损伤的诊断。

考虑自由振动问题，则无损伤系统的运动方程为

$$\boldsymbol{M}\ddot{x}+\boldsymbol{K}x=0 \tag{3.51}$$

两边左乘 $\boldsymbol{M}^{-1}$，得

$$\boldsymbol{I}\ddot{x}+(\boldsymbol{M}^{-1}\boldsymbol{K})x=0 \tag{3.52}$$

对应特征值的方程为

$$(\boldsymbol{M}^{-1}\boldsymbol{K}-\lambda_i\boldsymbol{I})\phi_i=0 \tag{3.53}$$

ϕ_i 为正则特征矢量，$\boldsymbol{\Phi}$ 为正则特征模态矩阵，有

$$\boldsymbol{\Phi}^{\mathrm{T}}\boldsymbol{M}^{-1}\boldsymbol{K}\boldsymbol{\Phi}=\begin{bmatrix}\lambda_1 & & & \\ & \lambda_2 & & \\ & & \ddots & \\ & & & \lambda_n\end{bmatrix} \tag{3.54}$$

$$\boldsymbol{\Phi}^{\mathrm{T}}\boldsymbol{\Phi}=\boldsymbol{I} \tag{3.55}$$

设 $x=\boldsymbol{\Phi}z$，代入上述运动方程即可得到系统解耦的方程。则有损伤系统的运动方程为

$$\boldsymbol{M}\ddot{\hat{x}} + (\boldsymbol{K} - \Delta\boldsymbol{K})\hat{x} = 0 \tag{3.56}$$

进行上述变量相同变换，即为

$$\hat{x} = \boldsymbol{\Phi}\hat{z} \tag{3.57}$$

代入方程(3.56)，得

$$\boldsymbol{M\Phi}\ddot{\hat{z}} + (\boldsymbol{K} - \Delta\boldsymbol{K})\boldsymbol{\Phi}\hat{z} = 0 \tag{3.58}$$

为了对方程进行解耦，在方程两边左乘 $\boldsymbol{\Phi}^{\mathrm{T}}\boldsymbol{M}^{-1}$，整理得

$$\boldsymbol{I}\ddot{\hat{z}} + \left(\begin{bmatrix} \lambda_1 & & & \\ & \lambda_2 & & \\ & & \ddots & \\ & & & \lambda_n \end{bmatrix} - \boldsymbol{\Phi}^{\mathrm{T}}\boldsymbol{M}^{-1}\Delta\boldsymbol{K\Phi}\right)\hat{z} = 0 \tag{3.59}$$

对应特征值方程为

$$\left\{\left(\begin{bmatrix} \lambda_1 & & & \\ & \lambda_2 & & \\ & & \ddots & \\ & & & \lambda_n \end{bmatrix} - \boldsymbol{\Phi}^{\mathrm{T}}\boldsymbol{M}^{-1}\Delta\boldsymbol{K\Phi}\right) - \hat{\lambda}_i\boldsymbol{I}\right\}\hat{\phi}_i = 0 \tag{3.60}$$

整理，得

$$\left\{\left(\begin{bmatrix} \lambda_1 & & & \\ & \lambda_2 & & \\ & & \ddots & \\ & & & \lambda_n \end{bmatrix} - \hat{\lambda}_i\boldsymbol{I}\right) - \boldsymbol{\Phi}^{\mathrm{T}}\boldsymbol{M}^{-1}\Delta\boldsymbol{K\Phi}\right\}\hat{\phi}_i = 0 \tag{3.61}$$

根据矩阵理论和模态理论，式(3.61)可变换为

$$\left\{\left(\begin{bmatrix} \lambda_1 & & & \\ & \lambda_2 & & \\ & & \ddots & \\ & & & \lambda_n \end{bmatrix} - \hat{\lambda}_i\boldsymbol{I}\right) - \boldsymbol{\Phi}^{\mathrm{T}}\left(\sum_{k=1}^{n} s_k\phi_k\right)\left(\sum_{l=1}^{n} q_l\phi_l\right)^{\mathrm{T}}\boldsymbol{\Phi}\right\}\hat{\phi}_i = 0 \tag{3.62}$$

化简得

$$\left\{\left(\begin{bmatrix}\lambda_1 & & & \\ & \lambda_2 & & \\ & & \ddots & \\ & & & \lambda_n\end{bmatrix}-\hat{\lambda}_i\boldsymbol{I}\right)-\begin{Bmatrix}s_1\\ \vdots \\ s_n\end{Bmatrix}\begin{Bmatrix}q_1\\ \vdots \\ q_n\end{Bmatrix}^{\mathrm{T}}\right\}\hat{\phi}_i=0 \tag{3.63}$$

式(3.63)中的第 k 个方程为

$$(\lambda_k-\hat{\lambda}_i)\hat{\phi}_{i(k)}-s_k\sum_{j=1}^{n}q_j\hat{\phi}_{i(j)}=0 \tag{3.64}$$

整理，得

$$\frac{(\lambda_k-\hat{\lambda}_i)\hat{\phi}_{i(k)}}{s_k}=\sum_{j=1}^{n}q_j\hat{\phi}_{i(j)} \tag{3.65}$$

式(3.65)右边不包含 k，因此有

$$\frac{(\lambda_1-\hat{\lambda}_i)\hat{\phi}_{i(1)}}{s_1}=\frac{(\lambda_2-\hat{\lambda}_i)\hat{\phi}_{i(2)}}{s_2}=\cdots=\frac{(\lambda_n-\hat{\lambda}_i)\hat{\phi}_{i(n)}}{s_n} \tag{3.66}$$

式(3.66)中有

$$\hat{\phi}_{i(k)}=\frac{(\lambda_r-\hat{\lambda}_i)s_k\hat{\phi}_{i(r)}}{(\lambda_k-\hat{\lambda}_i)s_r} \tag{3.67}$$

$$\hat{\phi}_{i(j)}=\frac{(\lambda_r-\hat{\lambda}_i)s_j\hat{\phi}_{i(r)}}{(\lambda_j-\hat{\lambda}_i)s_r} \tag{3.68}$$

将式(3.67)和式(3.68)代入式(3.65)，得

$$s_jq_j=-\frac{\prod_{k=1}^{m}(\hat{\lambda}_k-\lambda_j)}{\prod_{k=1,k\neq j}^{m}(\lambda_k-\lambda_j)} \tag{3.69}$$

根据方程(3.69)和 m 个测试模态频率 $\hat{\lambda}_k$ 就可以解得 m 组 $s_j q_j$ 。

由 $\Delta\boldsymbol{K}=\sum_r^m \alpha_r \boldsymbol{K}_r^e$ 和式(3.62)，有

$$\boldsymbol{M}^{-1}(\sum_r^m \alpha_r \boldsymbol{K}_r^e)=\left(\sum_{k=1}^n s_k \phi_k\right)\left(\sum_{l=1}^n q_l \phi_l\right)^{\mathrm{T}} \tag{3.70}$$

整理，得

$$\sum_r^m \alpha_r \boldsymbol{M}^{-1} \boldsymbol{K}_r^e=\left(\sum_{k=1}^n s_k \phi_k\right)\left(\sum_{l=1}^n q_l \phi_l^{\mathrm{T}}\right) \tag{3.71}$$

在式(3.71)两边左乘 ϕ_j^{T}，右乘 ϕ_j，得

$$\sum_r^m \alpha_r (\phi_j^{\mathrm{T}} \boldsymbol{M}^{-1} \boldsymbol{K}_r^e \phi_j)=\phi_j^{\mathrm{T}}(\sum_{k=1}^n s_k \phi_k \sum_{l=1}^n q_l \phi_l^{\mathrm{T}})\phi_j = s_j q_j \tag{3.72}$$

由式(3.69)和式(3.72)，得

$$\sum_r^m \alpha_r (\phi_j^{\mathrm{T}} \boldsymbol{M}^{-1} \boldsymbol{K}_r^e \phi_j)=-\frac{\prod_{k=1}^m(\lambda_j-\hat{\lambda}_k)}{\prod_{k=1,k\neq j}^m(\lambda_j-\lambda_k)} \tag{3.73}$$

对于单损伤情况，式(3.73)可化简为

$$\alpha_r (\phi_j^{\mathrm{T}} \boldsymbol{M}^{-1} \boldsymbol{K}_r^e \phi_j)=-\frac{\prod_{k=1}^m(\lambda_j-\hat{\lambda}_k)}{\prod_{k=1,k\neq j}^m(\lambda_j-\lambda_k)} \quad (j=1,2,\cdots,m) \tag{3.74}$$

根据式(3.74)，得

$$\alpha_r \sum_{i=1}^m (\phi_i^{\mathrm{T}} \boldsymbol{M}^{-1} \boldsymbol{K}_r^e \phi_i)=-\sum_{i=1}^m \frac{\prod_{k=1}^m(\lambda_i-\hat{\lambda}_k)}{\prod_{k=1,k\neq i}^m(\lambda_i-\lambda_k)} \tag{3.75}$$

上述两式相除即得第 j 阶改进频率变化比 $IFCR_j$ 为

$$IFCR_j = \frac{\phi_j^{\mathrm{T}} M^{-1} \boldsymbol{K}_r^e \phi_j}{\sum_{i=1}^{m} \phi_i^{\mathrm{T}} \boldsymbol{M}^{-1} \boldsymbol{K}_r^e \phi_i} = \frac{\prod_{k=1}^{m} (\lambda_j - \hat{\lambda}_k)}{\prod_{k=1,k\neq j}^{m} (\lambda_j - \lambda_k)} \frac{1}{\sum_{i=1}^{m} \frac{\prod_{k=1}^{m} (\lambda_i - \hat{\lambda}_k)}{\prod_{k=1,k\neq 1}^{m} (\lambda_i - \lambda_k)}} \tag{3.76}$$

式(3.76)就是改进的损伤定位指标，仅是损伤位置的函数而与损伤程度无关，据此指标可进行结构大小损伤位置的识别。

待损伤位置确定后，根据式(3.74)可知，结构损伤的程度成了式右边项的单因素函数，所以由式(3.74)的右边项可确定结构损伤的程度。

3.4　基于应变模态的损伤诊断

位移模态反映的是结构的固有振型，应变是位移的一阶导数关系。因此，对应于每一阶位移模态，则必有其对应的固有应变分布状态，这种与位移模态相对应的固有应变分布状态称之为应变模态。对于大多数模态，在局部位置应变模态差有明显的峰值，且峰值的大小随损伤程度的增加而增加[159,160]。应变模态差不仅可以进行局部损伤定位，还可以标定损伤程度。与位移模态差相比，其损伤定位的能力明显占优[166]。

3.4.1　应变模态技术

从位移模态出发，根据位移和应变之间的关系，可推导出动应变响应的预测模型和应变模态表达式。对于动力学方程

$$\boldsymbol{M}\ddot{x} + \boldsymbol{K}x + \boldsymbol{C}\dot{x} = f(t) \tag{3.77}$$

设 $f(t) = \boldsymbol{F}\,\mathrm{e}^{j\omega t}$，$x = \boldsymbol{X}\,\mathrm{e}^{j\omega t}$，并作解耦坐标变换，即得

$$\boldsymbol{X} = \boldsymbol{\varPhi} q = \sum_{i=1}^{n} q_i \phi_i \tag{3.78}$$

则式(3.77)变为频域方程

$$(-\omega^2[m_r] + [k_r] + j\omega[c_r])q = \boldsymbol{\varPhi}^{\mathrm{T}} \boldsymbol{F} \tag{3.79}$$

式中：$\boldsymbol{\varPhi}$ 为正则化主模态矩阵；q 为广义坐标；$[m_r]$、$[k_r]$、$[c_r]$分别为模态质量、模态刚度和模态阻尼矩阵，均为对角阵。

由式(3.78)和式(3.79)，得

$$\boldsymbol{X} = \boldsymbol{\varPhi} \boldsymbol{Y}_r \boldsymbol{\varPhi}^{\mathrm{T}} \boldsymbol{F} \tag{3.80}$$

式中：$\boldsymbol{Y}_r = (-\omega^2[m_r] + [k_r] + j\omega[c_r])^{-1}$。

三维空间中，将位移 $\boldsymbol{X}$、主模态 $\boldsymbol{\varPhi}$、激振力 $\boldsymbol{F}$ 及 $\boldsymbol{Y}_r$ 按坐标 x、y、z 重新安排有

$$\left.\begin{aligned} \boldsymbol{X} &= \{U, V, W\}^T, \quad & \boldsymbol{\varPhi} &= [\varPhi_u, \varPhi_v, \varPhi_w]^{\mathrm{T}} \\ \boldsymbol{F} &= \{F_x, F_y, F_z\}^T, \quad & \boldsymbol{Y}_r &= [Y_r^*] \end{aligned}\right\} \tag{3.81}$$

于是

$$\begin{Bmatrix} U \\ V \\ W \end{Bmatrix} = \begin{bmatrix} \varPhi_u \\ \varPhi_v \\ \varPhi_w \end{bmatrix} \left[Y_r^* \right] \left[\varPhi_u, \varPhi_v, \varPhi_w \right]^{\mathrm{T}} \begin{Bmatrix} F_x \\ F_y \\ F_z \end{Bmatrix} \tag{3.82}$$

其中，$\boldsymbol{\varPhi}^{\mathrm{T}} \boldsymbol{F}$ 代表 $\boldsymbol{\varPhi}$ 与 $\boldsymbol{F}$ 沿轴向的积分，不再是 x、y、z 的函数。

根据弹性力学原理，结构的正应变分量为

$$\{\varepsilon\} = \begin{Bmatrix} \varepsilon_x \\ \varepsilon_y \\ \varepsilon_z \end{Bmatrix} = \begin{Bmatrix} \dfrac{\partial U}{\partial x} \\ \dfrac{\partial V}{\partial y} \\ \dfrac{\partial W}{\partial z} \end{Bmatrix} = \begin{Bmatrix} \dfrac{\partial \varPhi_u}{\partial x} \\ \dfrac{\partial \varPhi_v}{\partial y} \\ \dfrac{\partial \varPhi_w}{\partial z} \end{Bmatrix} \left[Y_r^* \right] \left[\varPhi_u, \varPhi_v, \varPhi_w \right]^{\mathrm{T}} \begin{Bmatrix} F_x \\ F_y \\ F_z \end{Bmatrix} \tag{3.83}$$

$$= \begin{Bmatrix} \varPsi_x \\ \varPsi_y \\ \varPsi_z \end{Bmatrix} \left[Y_r^* \right] \left[\varPhi_u, \varPhi_v, \varPhi_w \right]^{\mathrm{T}} \begin{Bmatrix} F_x \\ F_y \\ F_z \end{Bmatrix}$$

式中：$\boldsymbol{\varPsi}=\left\{\psi_x,\psi_y,\psi_z\right\}^{\mathrm{T}}$ 称为正应变模态。

式(3.83)可写为

$$\left\{\varepsilon\right\}=\boldsymbol{\Psi Y}_r\boldsymbol{\varPhi}^{\mathrm{T}}\boldsymbol{F} \tag{3.84}$$

$\left\{\varepsilon\right\}$ 的一阶变分为

$$\left\{\Delta\varepsilon\right\}=\left[\Delta\boldsymbol{\Psi Y}_r\boldsymbol{\varPhi}^{\mathrm{T}}+\boldsymbol{\Psi}\Delta\boldsymbol{Y}_r\boldsymbol{\varPhi}^{\mathrm{T}}+\boldsymbol{\Psi Y}_r\Delta\boldsymbol{\varPhi}^{\mathrm{T}}\right]\boldsymbol{F} \tag{3.85}$$

式(3.85)表明，由结构损伤而导致的结构应变变化 $\left\{\Delta\varepsilon\right\}$ 主要由结构应变模态的变化 $\Delta\varPsi$ 、结构自振频率的变化 ΔY_r 和结构位移模态的变化 $\Delta\varPhi$ 三者综合而成。因此，从损伤识别的角度来讲，基于 $\Delta\varPsi$ 、ΔY_r 或 $\Delta\varPhi$ 的损伤识别方法在理论上都是可行的，差异仅在精度方面。由于损伤是典型的局域行为，由 St.Venant 原理可以推知，损伤对结构特性的影响程度依 $\Delta\varPsi$ 或 $\Delta Y_r\to\Delta\varPhi$ 的顺序递减，也就是说，基于 $\Delta\varPsi$ 的损伤识别算法的损伤识别效果通常最好。从损伤定位的角度讲，由于 $\left\{\Delta\varepsilon\right\}$ 和 $\Delta\varPsi$ 的变化在位置坐标上存在一致的对应关系，$\left\{\Delta\varepsilon\right\}$ 和 ΔY_r 的变化在位置坐标上没有明确的对应关系，而 $\left\{\Delta\varepsilon\right\}$ 和 $\Delta\varPhi$ 的变化在位置坐标上则不存在一致的对应关系，因此基于 $\Delta\varPsi$ 的损伤直接定位方法理论上存在正确定位的可能，基于 ΔY_r 不能直接进行损伤定位，而基于 $\Delta\varPhi$ 的损伤直接定位方法理论上则存在错误定位的隐忧。

3.4.2　应变模态的正交性，即

结构振动微分方程可以写成如下离散形式，即

$$\boldsymbol{M}\ddot{x}+\boldsymbol{K}x+\boldsymbol{C}\dot{x}=f(t) \tag{3.86}$$

式中：$\boldsymbol{x}$ 为总体坐标系中节点位移的坐标列阵。

按照有限元理论，有

$$\varepsilon=\boldsymbol{B}x \tag{3.87}$$

式中：矩阵 $\boldsymbol{B}$ 为数值矩阵，在一般情况下可逆，于是式(3.86)可变为

$$\boldsymbol{M}^{\varepsilon}\ddot{\varepsilon}+\boldsymbol{C}^{\varepsilon}\dot{\varepsilon}+\boldsymbol{K}^{\varepsilon}\varepsilon=\boldsymbol{B}^{-\mathrm{T}}f(t) \tag{3.88}$$

式中：$\boldsymbol{M}^{\varepsilon}=\boldsymbol{B}^{-\mathrm{T}}\boldsymbol{M}\boldsymbol{B}^{-1}$；$\boldsymbol{C}^{\varepsilon}=\boldsymbol{B}^{-\mathrm{T}}\boldsymbol{C}\boldsymbol{B}^{-1}$；$\boldsymbol{K}^{\varepsilon}=\boldsymbol{B}^{-\mathrm{T}}\boldsymbol{K}\boldsymbol{B}^{-1}$。

运用模态叠加法，令

$$\varepsilon=\sum_{r=1}^{m}q_r\psi_r=\boldsymbol{\varPsi}q \tag{3.89}$$

将式(3.89)代入式(3.88)并左乘 $\boldsymbol{\varPsi}^{\mathrm{T}}$，得

$$\boldsymbol{\varPsi}^{\mathrm{T}}\boldsymbol{M}^{\varepsilon}\boldsymbol{\varPsi}\ddot{q}+\boldsymbol{\varPsi}^{\mathrm{T}}\boldsymbol{C}^{\varepsilon}\boldsymbol{\varPsi}\dot{q}+\boldsymbol{\varPsi}^{\mathrm{T}}\boldsymbol{K}^{\varepsilon}\boldsymbol{\varPsi}q=\boldsymbol{\varPsi}^{\mathrm{T}}\boldsymbol{B}^{-\mathrm{T}}f(t) \tag{3.90}$$

由于有 $\varepsilon=\boldsymbol{B}x$ 以及 $x=\boldsymbol{\varPhi}q$，所以应有 $\boldsymbol{\varPsi}=\boldsymbol{B}\boldsymbol{\varPhi}$。

于是

$$\boldsymbol{\varPsi}^{\mathrm{T}}\boldsymbol{M}^{\varepsilon}\boldsymbol{\varPsi}=\left(\boldsymbol{B}\boldsymbol{\varPhi}\right)^{\mathrm{T}}\left(\boldsymbol{B}^{-\mathrm{T}}\boldsymbol{M}\boldsymbol{B}^{-1}\right)\left(\boldsymbol{B}\boldsymbol{\varPhi}\right)=\boldsymbol{\varPhi}^{\mathrm{T}}\boldsymbol{M}\boldsymbol{\varPhi} \tag{3.91a}$$

同理，有

$$\boldsymbol{\varPsi}^{\mathrm{T}}\boldsymbol{K}^{\varepsilon}\boldsymbol{\varPsi}=\left(\boldsymbol{B}\boldsymbol{\varPhi}\right)^{\mathrm{T}}\left(\boldsymbol{B}^{-\mathrm{T}}\boldsymbol{K}\boldsymbol{B}^{-1}\right)\left(\boldsymbol{B}\boldsymbol{\varPhi}\right)=\boldsymbol{\varPhi}^{\mathrm{T}}\boldsymbol{K}\boldsymbol{\varPhi} \tag{3.91b}$$

$$\boldsymbol{\varPsi}^{\mathrm{T}}\boldsymbol{C}^{\varepsilon}\boldsymbol{\varPsi}=\left(\boldsymbol{B}\boldsymbol{\varPhi}\right)^{\mathrm{T}}\left(\boldsymbol{B}^{-\mathrm{T}}\boldsymbol{C}\boldsymbol{B}^{-1}\right)\left(\boldsymbol{B}\boldsymbol{\varPhi}\right)=\boldsymbol{\varPhi}^{\mathrm{T}}\boldsymbol{C}\boldsymbol{\varPhi} \tag{3.91c}$$

可得

$$\boldsymbol{\varPsi}^{\mathrm{T}}\boldsymbol{M}^{\varepsilon}\boldsymbol{\varPsi}=\mathrm{diag}\left[m_r\right] \tag{3.92a}$$

$$\boldsymbol{\varPsi}^{\mathrm{T}}\boldsymbol{K}^{\varepsilon}\boldsymbol{\varPsi}=\mathrm{diag}\left[k_r\right] \tag{3.92b}$$

$$\boldsymbol{\varPsi}^{\mathrm{T}}\boldsymbol{C}^{\varepsilon}\boldsymbol{\varPsi}=\mathrm{diag}\left[c_r\right] \tag{3.92c}$$

式(3.92)证明了应变模态的正交性。

3.4.3　损伤定位判据

设 $\psi_{u,i}$ 和 $\psi_{d,i}$ 分别为完好结构和有损伤结构的第 i 阶应变模态矢量，则第 i 阶应变模态差 $\Delta\psi_i=\psi_{u,i}-\psi_{d,i}$。下面重点讨论基于

应变模态变化的损伤定位方法及改进措施。

一种常用的损伤定位方法是以应变模态差绝对值大小为依据的，由式(3.93)表述如下

$$\Delta\psi_i^{(r)} = \| \psi_{u,i} - \psi_{d,i} \|_\infty = \| \Delta\psi_i \|_\infty \tag{3.93}$$

其中，$\Delta\psi_i^{(r)}$ 为完好结构与有损结构应变模态差绝对值最大的元素，则最可能的损伤位置位于 r 处。

注意到式(3.93)中虽然给出了损伤的位置，但此处的 $\Delta\psi_i^{(r)}$ 值的大小不仅与损伤位置有关，也与损伤程度有关。因此，如果将 $\Delta\psi_i$ 作为神经网络的输入量进行损伤定位时，就很可能产生错误的结果。为了使 $\Delta\psi_i^{(r)}$ 的值大小仅是损伤位置的函数，本书在这里对 $\Delta\psi_i$ 进行标准化(即第 i 阶应变模态差矢量除以第 i 阶应变模态差矢量中最大的元素)，标准化后的应变模态差矢量 $\Delta\psi_i$ 为 $\Delta^*\psi_i$，其中第 i 个元素定义为 $NSMC_i$，则 $\Delta^*\psi_i$ 仅仅是损伤位置函数，而与损伤程度无关。证明如下。

当结构发生损伤时，仅结构的刚度降低，而忽略结构质量的变化，则损伤引起的第 i 阶应变模态变化 $\Delta\psi_i$ 可以看做是刚度损伤因子 α_r 及其损伤位置 r 的函数，即

$$\Delta\psi_i = f(\alpha_r, r) \tag{3.94}$$

将式(3.94)在未损伤($\alpha_r = 0$)结构的领域内进行一阶泰勒级数展开，有

$$\Delta\psi_i = f(0,r) + \left.\frac{\partial f(\alpha_r, r)}{\partial \alpha_r}\right|_{\alpha_r=0} \alpha_r \tag{3.95}$$

因未损伤时，$\alpha_r = 0$，$\Delta\psi_i = 0$，故由式(3.95)可确定 $f(0,r) = 0$，于是有

$$\Delta\psi_i = \left.\frac{\partial f(\alpha_r, r)}{\partial \alpha_r}\right|_{\alpha_r=0} \alpha_r = g(r)\alpha_r \tag{3.96}$$

式中，$g(r)=\left.\dfrac{\partial f(\alpha_r,r)}{\partial \alpha_r}\right|_{\alpha_r=0}$ 仅是位置 r 的函数。同理，可得第 i 阶应变模态差中最大元素 $\Delta\psi_i^{(r)}$ 为

$$\Delta\psi_i^{(r)}=p(r)\alpha_r \tag{3.97}$$

把式(3.96)与式(3.97)相除就得到标准化的 $\Delta^*\psi_i$ ，即

$$\Delta^*\psi_i=\frac{\Delta\psi_i}{\Delta\psi_i^{(r)}}=\frac{g(r)\alpha_r}{p(r)\alpha_r}=h(r) \tag{3.98}$$

这样得到的发生损伤后第 i 阶标准化的应变模态差仅仅是损伤位置的函数，而与损伤程度无关。

3.5 数值算例

数值模拟分析我们采用了一个复合材料悬臂梁结构，图 3.1 所示为悬臂梁结构的有限元模型，该模型长 200 mm，宽 10 mm，厚 2 mm；材料弹性模量 E_1=38.6 GPa，E_2=8.27 GPa，E_3=8.27 GPa；泊松比 μ_{12}=0.26，μ_{13}=0.26，μ_{23}=0.52；剪切模量 G_{12}=4.14 GPa，G_{13}=4.14 GPa，G_{23}=3.10 GPa；材料密度 ρ=1 033 kg/m^3。有限元模型共有 20 个梁单元，21 个节点。

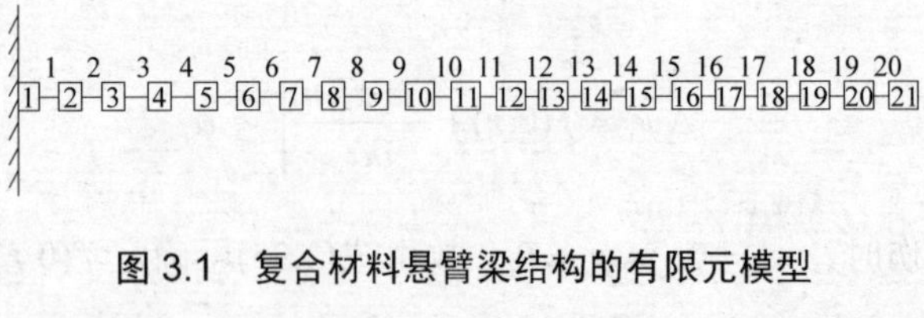

图 3.1 复合材料悬臂梁结构的有限元模型

3.5.1 两种损伤定位指标的比较

由于篇幅所限，这里选择减小梁单元 6、16 的弹性模量来模

拟损伤，通过弹性模量减小10%、20%、30%、40%、50%、60%、70%、80%、90%来模拟了9种同位置不同损伤程度情况，并计算了无损以及这9种损伤情况下前5阶固有频率。分别采用第3.3.1部分中传统损伤定位指标和第3.3.2部分中改进损伤定位指标进行计算，研究结果如表3.1所示。

由表3.1中的数据可以看出，不同损伤程度情况下传统损伤定位指标计算值差异较大，而改进后的损伤定位指标值较为一致。这表明，改进后的损伤定位指标受损伤程度影响比传统指标要小得多，更适合用来作为损伤位置的敏感特征参数进行损伤位置的识别。

3.5.2 两种损伤程度识别指标的比较

对于损伤程度识别指标的研究，我们选择了梁单元6损伤20%、梁单元8损伤50%、梁单元11损伤30%以及梁单元16损伤70%这4种情况进行了研究(损伤是通过减小各单元的弹性模量来模拟)。分别采用第3.3.1部分中式(3.48)的传统损伤程度识别指标(见表3.2中方法1)和第3.3.2部分中式(3.74)的改进损伤程度识别指标(见表3.2中方法2)进行计算，结果如表3.2所示。

由表3.2中的图可以看出，不同损伤单元不同损伤程度，采用传统的损伤程度识别指标预测损伤单元的损伤程度与实际损伤程度差异较大，而采用改进后的损伤程度识别指标预测值与实际损伤程度较为一致。这表明，改进后的损伤程度识别指标要比传统的损伤程度识别指标精确得多，适合用来作为损伤程度的敏感特征参数。

3.5.3 应变模态差指标的比较

分别选用悬臂梁中的单元2、6、11、16各损伤10%、20%、30%、40%、50%、60%、70%、80%、90%的9种不同损伤程度情况对应变模态差指标进行研究，研究结果如图3.2、图3.3所示。

表 3.1 损伤定位指标的对比

损伤单元		损伤程度 10%	20%	30%	40%	50%	60%	70%	80%	90%	相对误差(%)
单元6	传统损伤定位指标	0.000 776	0.000 787	0.000 804	0.000 82	0.000 842	0.000 871	0.000 913	0.000 975	0.001 056	
		0.004 218	0.004 272	0.004 406	0.004 495	0.004 628	0.004 805	0.005 058	0.005 434	0.005 995	
		0.238 14	0.239	0.241 27	0.242 54	0.244 32	0.251 05	0.257 39	0.261 52	0.267 93	11.1
		0.622 84	0.624 57	0.623 12	0.615 85	0.606 68	0.596 16	0.578 57	0.548 61	0.482 02	22.8
		0.134 03	0.131 37	0.130 4	0.136 3	0.143 53	0.147 11	0.158 07	0.183 46	0.243	46.3
	改进损伤定位指标	0.000 764	0.000 76	0.000 757	0.000 749	0.000 739	0.000 724	0.000 701	0.000 66	0.000 565	
		0.004 155	0.004 121	0.004 148	0.004 105	0.004 061	0.003 992	0.003 884	0.003 684	0.003 224	
		0.236 32	0.234 64	0.234 01	0.231 73	0.229 01	0.224 82	0.227 18	0.226 16	0.225 25	4.6
		0.624 19	0.627 84	0.628 6	0.629 88	0.631 84	0.626 28	0.633 41	0.635 33	0.637 1	2.0
		0.134 57	0.132 64	0.132 48	0.133 54	0.134 35	0.134 18	0.134 82	0.134 16	0.133 86	1.6
单元16	传统损伤定位指标	0.000 003 87	0.000 004 39	0.000 004 66	0.000 004 74	0.000 005 16	0.000 005 68	0.000 006 57	0.000 008 25	0.000 013 2	
		0.003 305	0.003 429	0.003 574	0.003 747	0.004 004	0.004 377	0.004 99	0.006 156	0.009 189	
		0.089 079	0.091 277	0.093 588	0.096 954	0.101 06	0.106 89	0.115 1	0.127 62	0.146 45	44.9
		0.359 95	0.367 76	0.380 37	0.390 16	0.402 83	0.409 12	0.419 51	0.406 75	0.403 54	14.2
		0.547 66	0.537 53	0.522 46	0.509 13	0.492 1	0.479 6	0.460 39	0.459 47	0.440 81	19.5
	改进损伤定位指标	0.000 003 76	0.000 004 11	0.000 004 17	0.000 004 01	0.000 004 04	0.000 004 01	0.000 003 98	0.000 003 88	0.000 003 68	
		0.003 218	0.003 217	0.003 21	0.003 185	0.003 167	0.003 138	0.003 097	0.003 029	0.002 877	
		0.087 329	0.087 078	0.086 533	0.086 265	0.085 604	0.085 935	0.085 801	0.085 021	0.084 832	2.9
		0.398 1	0.398 48	0.397 47	0.396 31	0.394 57	0.393 1	0.391 43	0.390 88	0.389 39	2.2
		0.511 35	0.511 22	0.512 78	0.514 23	0.516 65	0.517 82	0.519 67	0.521 07	0.522 89	2.2

表 3.2　损伤程度识别指标的对比

无损时悬臂梁的前 5 阶模态频率(Hz)	有损伤时悬臂梁的前 5 阶模态频率(Hz)	实际与预测损伤程度 ($\Delta EI / EI \times 100\%$)
$\omega_1 = 49.394$ $\omega_2 = 309.19$ $\omega_3 = 864.21$ $\omega_4 = 1\,689.2$ $\omega_5 = 2\,783.3$	$\omega_1 = 48.919$ $\omega_2 = 308.78$ $\omega_3 = 855.97$ $\omega_4 = 1\,678.2$ $\omega_5 = 2\,781.9$	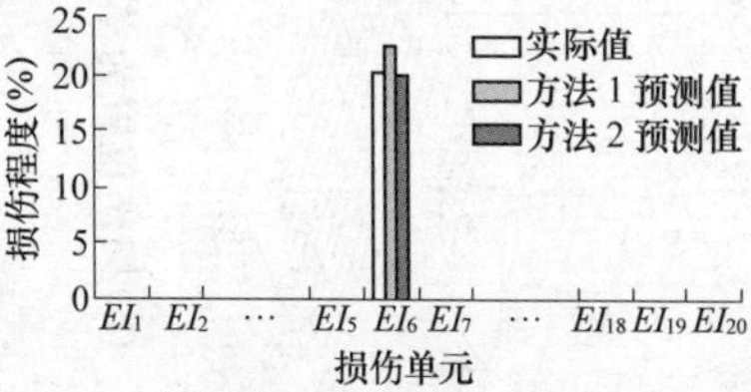
$\omega_1 = 49.394$ $\omega_2 = 309.19$ $\omega_3 = 864.21$ $\omega_4 = 1\,689.2$ $\omega_5 = 2\,783.3$	$\omega_1 = 49.19$ $\omega_2 = 302.64$ $\omega_3 = 863.11$ $\omega_4 = 1\,659.2$ $\omega_5 = 2\,774.9$	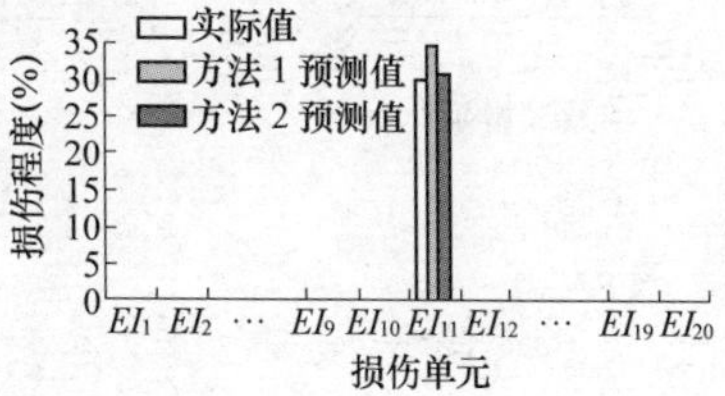
$\omega_1 = 49.394$ $\omega_2 = 309.19$ $\omega_3 = 864.21$ $\omega_4 = 1\,689.2$ $\omega_5 = 2\,783.3$	$\omega_1 = 49.319$ $\omega_2 = 299.96$ $\omega_3 = 785.6$ $\omega_4 = 1\,546.6$ $\omega_5 = 2\,686.4$	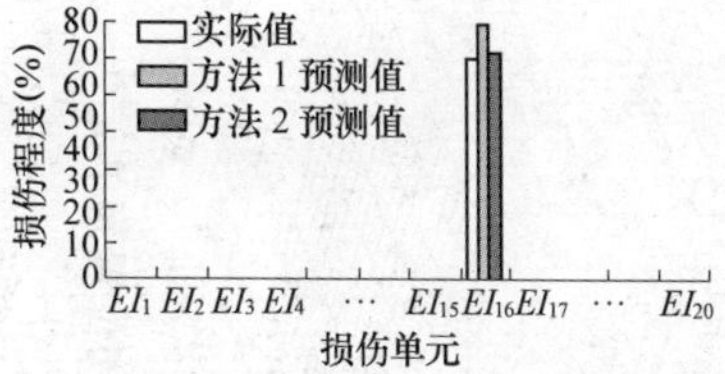
$\omega_1 = 49.394$ $\omega_2 = 309.19$ $\omega_3 = 864.21$ $\omega_4 = 1\,689.2$ $\omega_5 = 2\,783.3$	$\omega_1 = 48.235$ $\omega_2 = 301.1$ $\omega_3 = 841.19$ $\omega_4 = 1\,684.1$ $\omega_5 = 2\,677.4$	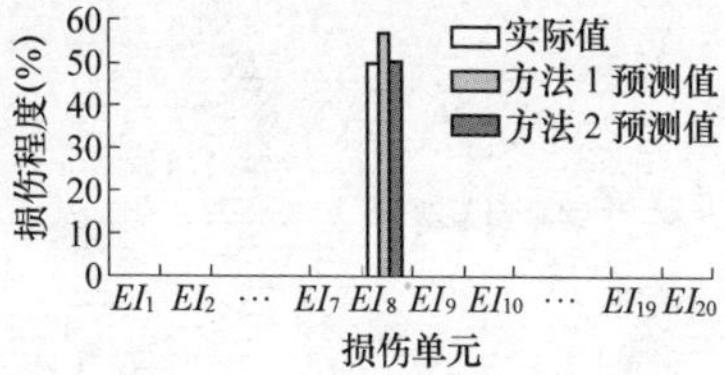

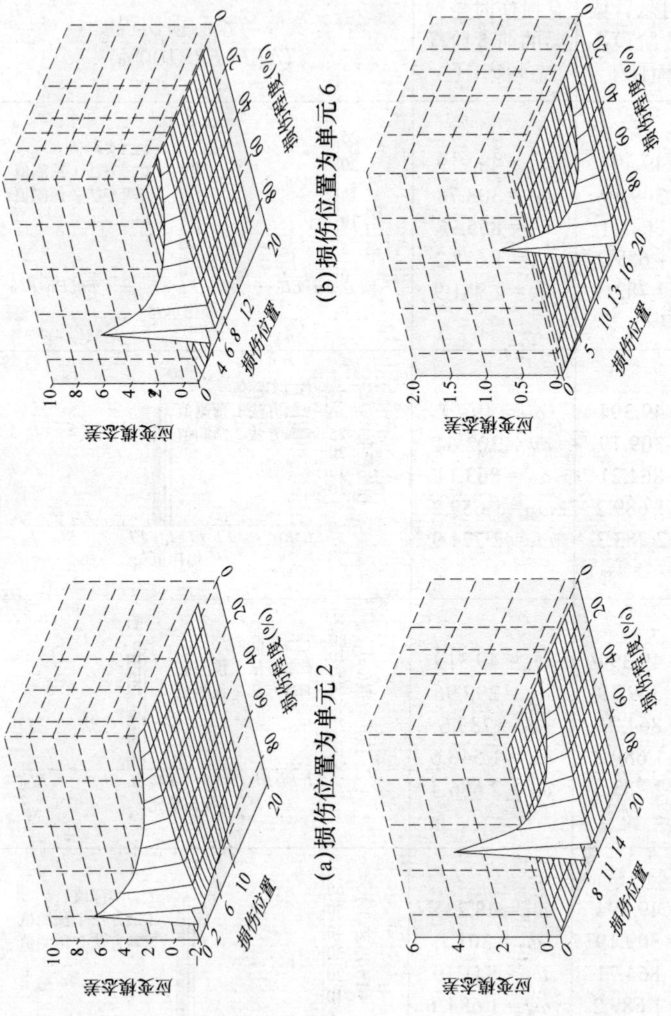

(a)损伤位置为单元2

(b)损伤位置为单元6

(c)损伤位置为单元11

(d)损伤位置为单元16

图3.2 未标准化第一阶应变模态差指标

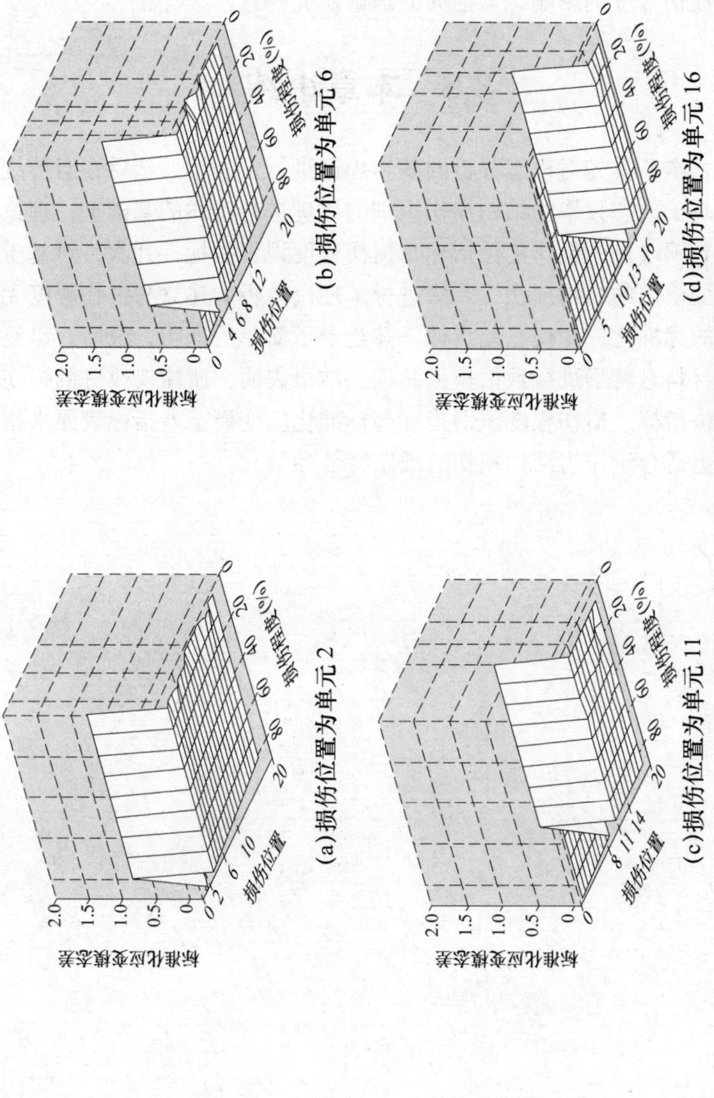

图 3.3　标准化第一阶应变模态差指标

由图中可以看出，应变模态差指标可以直接指示出损伤的位置，且未标准化的指标随着损伤程度的变化而变化，标准化的指标不受损伤程度的影响，与前面的理论研究一致。

3.6 本章小结

本章首先对模态分析的基本理论进行了介绍，然后在对传统的基于模态频率的结构损伤识别的机理进行阐述的基础上，理论推导了改进的损伤定位指标与损伤程度识别指标；其次，对基于应变模态的结构损伤诊断法进行了理论分析，建立与损伤程度无关的标准化应变模态差指标，并给予了简单的证明；最后，以复合材料悬臂梁进行数值模拟验证，结果表明，所建议改进的损伤定位指标、损伤程度识别指标与标准化应变模态差指标较原来指标更适合于作为结构损伤的敏感特征参数。

第 4 章　基于神经网络的结构损伤诊断

4.1 引　言

结构损伤诊断问题属于力学“反问题”，通常在传统弹性力学理论基础上建立系统数学模型求解，但对于系统为高度非线性的复杂情况，依靠力学数学模型求解方法实现损伤辨识有很大的难度。人工神经网络方法的引入为研究这一类问题提供了新的手段，其基本思想是：利用数值求解法(如有限元法、能量法)或实测方法，获取结构中所需物理量(如频率、振型等)作为训练样本的输入参数，以结构的缺陷作为输出参数，利用神经网络具有很强的自组织、自学习和自适应能力的特点，通过一定数量的训练样本让网络学习，神经网络会记住这些知识，实现从输入参数(如结构频率向量等)到输出参数(如结构损伤位置、程度等)之间的非线性映射，从而可以求得“反问题”的解。另外，神经网络具有抽取、归纳的功能，能在有噪声情况下抽取事物本身内在特征、得出正确结论。

因此，本章将神经网络应用于结构损伤诊断展开了研究，考虑到避免复合因素的识别以及简化损伤诊断问题复杂性，提出基于神经网络的智能结构多级损伤诊断策略，具体内容有基于径向基神经网络(RBFNN)损伤报警、基于自适应概率神经网络损伤定位、基于改进 BP 神经网络的结构损伤程度识别等 3 个方面，对它们的基本原理、技术的实现方法进行了研究，在研究中考虑了测试噪声的影响。最后，通过复合材料悬臂梁的数值模拟算例，来验证所提方法的有效性。

4.2 神经网络的介绍

4.2.1 神经网络的发展概况

神经网络的研究已经有 40 多年的历史，它的发展经历了一条由兴盛到萧条，又由萧条到兴盛的曲折道路。神经网络理论的探索性研究始于 20 世纪 40 年代。1943 年，心理学家 MeCulloch 和数理逻辑学家 Pitts 从人脑信息处理观点出发，采用数理模型的方法研究了脑细胞的动作和结构及其生物神经元的一些基本生理特性，提出了一个简单的神经网络模型(MP 模型)，其神经元的输入输出关系为

$$y_j = \mathrm{sgn}(\sum_i w_{ji} - \theta_j) \tag{4.1}$$

其中，输入、输出均为二值量，w_{ji} 为固定的权值。利用该简单网络可以实现一些逻辑关系。MP 模型的特点在于节点的并行计算能力很强，从而使计算神经行为的某些方面成为可能。虽然该模型过于简单，但它为进一步的研究打下了基础，从此开创了神经科学理论研究的时代。

1949 年，心理学家 Hebb 首先提出了神经元之间突触强度调整的假设，他认为学习过程是在突触上发生的，逻辑权的调整正比于两相连神经元之间激活的乘积，这就是 Hebb 学习规则。现在仍有不少神经网络模型采用这样的学习规则。1958 年，Rosenblatt 基于 MP 模型，首次引进感知器概念，它由阀值性神经元组成，试图模拟动物和人脑的感知和学习能力。1962 年，Widrow 提出了自适应线性元件 Adaline 网络模型，同时他与 Hoff 一起提出了 Widrow–Hoff 学习规则，它可用于自适应滤波、预测和模型识别。1969 年，Minsky 和 Papert 出版了《Perceptron》一书，在该书中

他们指出简单的线性感知机的功能是有限的，它无法解决线性不可分的两类样本的分类问题。典型的例子如“异或”计算，即简单的感知机不可能实现“异或”的逻辑关系。要解决这个问题必须加入隐含层节点。但是，对于多层网络，如何找到有效的学习算法尚是难以解决的问题。由于 Minsky 在学术界的地位和影响，使得整个 20 世纪 70 年代神经网络的研究处于低潮。然而，此时仍有一些学者继续探索，获得一些重要成果。Grossberg 从信息处理的角度，研究了思维和大脑结合的理论问题，运用数学方法研究自组织、自稳定性和自调节性，以及直接存取信息的有关模型，提出了雪崩网。1976 年，Grossberg 等提出了自适应共振理论(ART)，这是感知器较完善的模型。之后，他与 Capenter 一起研究 ART 网络，给出 ART1、ART2 和 ART3 模型，ART 网络是至今提出的最复杂的网络之一，它可以在不忘记旧知识的同时，记住新的知识。能够分类任意多个复杂的二元输入图像。芬兰的 Kohonen 提出了自组织映射。Fukushima 提出了神经认知网络模型，随后又提出了改进的新认知机(Neocognitron)，它是用于视觉模式识别的神经网络。Amari 则致力于神经网络有关数字理论的研究。Anderson 提出了 BSB 模型。Webos 提出了 BP 理论，从而为神经网络的研究和发展奠定了理论基础。

到了 20 世纪 80 年代，传统的串行式信息处理计算机在模式识别与人工智能领域遇到了极大的困难，促使人们花更多的精力去研究以并行方式处理信息的神经网络。1982～1986 年，美国加州理工学院物理学家 Hopfield 陆续发表了几篇有影响的论文，提出了 HNN 模型，从而有力地推动了神经网络的研究。他引入网络能量函数的概念，给出了网络稳定性判据。它的电子电路实现为神经计算机的研究奠定了基础，同时开拓了神经网络用于联想记忆和优化计算的新途径，为神经网络的工程实现指明了方向。Feldmann 和 Ballard 的连接网络模型指出了传统的“人工智能”

计算与“生物”计算的不同点，给出了并行分布处理的原则。Hinton 和 Sejnowski 提出 Boltzman 机模型则借用了统计物理学的概念和方法，首次采用了多层网络的学习算法，即在学习过程中用模拟退火技术，保证整个系统趋于全局稳定点。

1985 年，以 Rumelhart 和 MeClelland 为首的 PDP 研究小组提出了多层前馈网络的反向传播算法(Back Propagation Algoritlon)，该算法解决了感知机所不能解决的问题，实现了 Minsky 建立隐含层的设想。1988 年，Chua 和 Yang 提出了细胞神经网络(CNN)模型，它是一个大规模非线性计算机仿真系统，具有细胞自动机的动力学特征。Kosko 建立了双向联想存储模型(BAM)，它具有非监督学习能力，是一种实时学习和回忆模式，并建立了其全局稳定性的动力学系统。

Hopfield 网络和 BP 算法的提出使人们看到了神经网络研究的前景和希望。1987 年，美国召开了第一届国际神经网络会议，它掀起了神经网络研究的热潮。随后几年，许多工业化国家纷纷成立了专门的研究机构，政府和企业投入大量资金，制定并实施神经网络研究计划。关于神经网络理论、算法和应用方面论文大量涌现，神经网络模拟软件和应用芯片不断推出，应用领域不断扩大。我国学术界从 20 世纪 80 年代开始关注神经网络领域，1990 年在北京召开了首届神经网络学术大会。我国高技术研究发展计划(863 计划)和“攀登”计划相继批准了几项神经网络的研究课题，国家自然基金委和国防预研也将神经网络研究列入选题指南。目前，世界上已提出近百种神经网络，神经网络的研究逐步进入深入发展阶段。当然，随着神经网络应用的深入，人们也发现原有的模型和算法所存在的问题。在神经网络的实现手段上，因受硬件条件的限制，以常用的传统数字计算机的串行工作方式来模拟神经网络的并行工作方式，所以速度显得较慢，只有全硬件实现神经网络才具有并行性。在理论的深入上也碰到很多原来非线性理论、逼近理论中的难点，但我们相信在深入研究、广泛应用的基础上，这一领域将会继续发展，并会对科技发展产生极大的促进作用。

4.2.2　人工神经元及其网络

4.2.2.1　人工神经元模型

组成神经网络最基本的单位是神经元，它是在归纳生物神经元的基础上演变而来的。生物神经元是一个多输入(即它的多个树突和细胞体与其他多个神经元轴突末梢突触连接)、单输出单元(每个神经元只有一个轴突作为输出通道)。沿神经元轴突传递的信号是脉冲，当脉冲到达轴突末梢突触前膜时，突触前膜即向突触间隙释放神经传递化学物质，其结果是在突触(在接受其信息的神经元的树突或细胞体上)产生突触后电位。突触后电位的大小与轴突传递脉冲的密度有关(此处脉冲密度的含义是单位时间内传递脉冲的平均数)，对于兴奋性突触，密度越大，则电位越高，它就是突触后电位的时间总和效应。各输入通道均通过突触后电位对细胞体产生影响，这就是突触后电位的空间总和效应。细胞体的激励电位是输入端时间、空间总和效应综合作用的结果。当此电位超过细胞的阀值电位时，在轴突的初段发放脉冲，脉冲即沿轴突输出。从输入、输出关系来看，对于兴奋性突触，当输入脉冲的密度增加时，输出脉冲的密度也增加。相反，对于抑制性突触，当输入脉冲的密度增加时，输出脉冲的密度就会减小。为了达到不同的研究目的，人工神经元可以有多种模型。

常用的人工神经元模型主要是基于模拟上述的生物神经元信息的传递特性，即输入、输出关系。如果将生物神经元输入、输出脉冲的密度用模拟电压来表示，则上述生物神经元信息传递的主要特性可以用图 4.1 的模型来模拟。

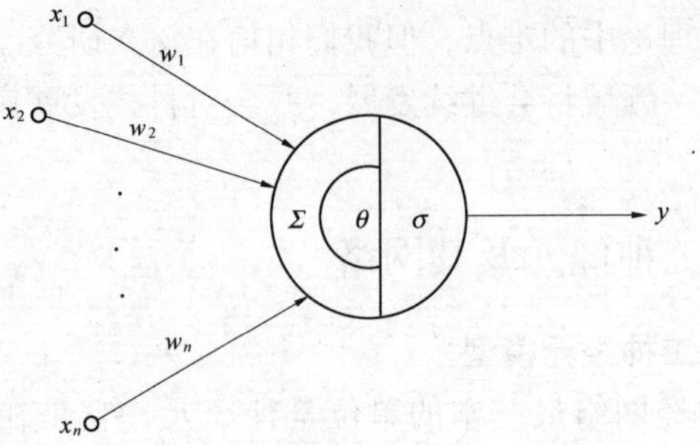

图 4.1　人工神经元模型

图 4.1 中，$x_i(i=1,2\cdots,n)$为加于输入端(突触)上的输入信号；w_i为相应的突触连接权系数，它是模拟突触传递强度的一个比例系数；Σ表示突触后信号的空间积累；θ表示神经元的阀值；σ表示神经元的响应函数。该模型的数学表达式为

$$s=\sum_{i=1}^{n} w_i x_i-\theta \tag{4.2}$$

$$y=\sigma(s) \tag{4.3}$$

根据响应函数的不同，人工神经元有以下几种类型(见图 4.2)。

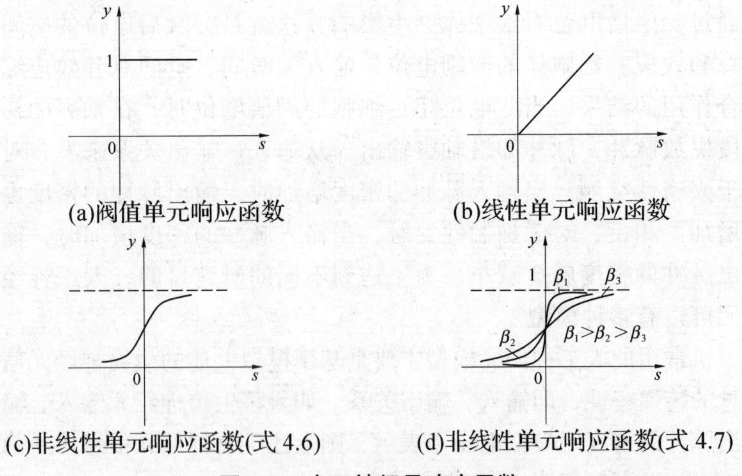

图 4.2　人工神经元响应函数

(1)阈值单元。其响应函数(见式(4.4))，如图 4.2(a)所示。

$$\sigma(s)=\begin{cases}1 & (s\geqslant 0)\\ 0 & (s<0)\end{cases} \tag{4.4}$$

(2)线性单元。其响应函数(见式 4.5)，如图 4.2(b)所示。

$$y=\sigma(s)=s \tag{4.5}$$

(3)非线性单元常用响应函数为 s 型(Sigmoid)函数见式(4.6)、式(4.7)，如图 4.2(c)、(d)所示。

$$\sigma(s)=\frac{1}{1+\mathrm{e}^{-x}} \tag{4.6}$$

$$\sigma(s)=\tan h(\beta s) \tag{4.7}$$

上述模型反映生物神经元的基本特征，但还有如下不同点：

(1)生物神经元传递的信息是脉冲，而上述模型传递的信息是模拟电压；

(2)由于在上述模型中用一个等效的模拟电压来模拟生物神经元的密度，所以在模拟中只有空间累加而没有时间累加(可认为时间累加已隐含在等效的模拟电压之中)；

(3)上述模型未考虑延时、不应期和疲劳等。

4.2.2.2　人工神经网络的构成

(1)不含反馈的前向网络。神经元分层排列，组成输入层、隐含层和输出层。每一层的神经元只接受前一层神经元的输入。输入模式经过各层的顺次变换后，得到输出层输出。感知器和误差反向传播算法中使用的网络都属于这种类型。

(2)从输出层到输入层有反馈的前向网络。福岛和 Jordan 提出的网络都属于这种类型，它可以用来存储某种模式序列，神经认识机属于此类。

(3)层内有相互结合的前向网络。通过层内神经元间的相互结合，可以实现同一层内神经元之间的横向抑制或兴奋机制，这样可以限制每层内能同时动作的神经元数，或者把每层内的神经元分为若干组，让每组作为一个整体来动作。例如，可以利用横向抑制机制把某层内具有最大输出的神经元挑选出来，而抑制其他神经元处于无输出的状态。

(4)相互结合型网络。这种网络是在任意两个神经元之间都可能有连接。HNN 和 Boltzman 机都属于这一类。在无反馈的前向网络中，信号一旦通过某个神经元，过程就结束了，而在相互结合网络中，信号要在神经元之间反复传递，网络处在一种不断改变状态的动态之中。从某初态开始，经过若干次变化，才会到达某种平衡状态，根据网络的结构和神经元的特性，还有可能进入周期振荡或其他如混沌等平衡状态。

4.2.2.3 人工神经网络的学习

一个神经网络的拓扑结构确定之后，为了让它具有某种智能特性，还必须有相应的学习方法与之配合。可以这样说，学习方法是人工神经网络研究的核心问题。

对于大脑神经而言，不同的功能区域均有各自的学习规则。这些完整和巧妙的学习规则是大脑在进化过程中通过学习得到的。对于人工神经网络而言，学习方法归根结底就是网络连接权的调整方法。人工神经网络的学习算法通常可分为有监督学习和无监督学习两类。有监督学习是通过外部教师信号进行学习，即要求同时给出输入和正确的期望输出的模式对，当计算结果与期望输出有误差时，网络将通过自动调节机制重复训练，直到与正确的结果相符合。无监督学习规则没有外部教师信号，其学习表现为自适应于输入空间的检测规则，其学习过程为对系统提供动态输入信号，使各个单元以某种方式竞争，获胜的神经元本身或其相邻域得到增强，其他神经元则进一步抑制，从而将信号空间分为有用的多个区域。

常用的 3 种主要规则如下。

1)无监督 Hebb 学习规则

Hebb 学习是一类相关学习，它的基本思想是：如果有两个神经元同时兴奋，则它们之间的连接强度的增强与它们的激励的乘积成正比。用 $o_i(k)$表示单元 i 的激活值(输出)，$o_j(k)$表示单元 j 的激活值，w_{ij} 表示单元 j 到单元 i 的连接权系数，则 Hebb 学习规则表示为

$$\Delta w_{ij} = \alpha o_i(k) o_j(k) \tag{4.8}$$

式中：α 是学习速率。

2)有监督 δ 学习规则或 Widrow–Hoff 学习规则

在 Hebb 学习规则中引入教师信号，将式(4.8)中的 $o_i(k)$换成网络期望目标输出 $d_i(k)$与实际输出 $o_i(k)$之差，即为有监督 δ 学习规则

$$\Delta w_{ij} = \alpha[d_i(k) - o_i(k)] o_j(k) \tag{4.9}$$

式(4.9)表明，两种神经元间的连接强度的变化量与教师信号 $d_i(k)$和网络实际输出 $o_i(k)$之差成正比。

3)有监督 Hebb 学习规则

将无监督 Hebb 学习规则和有监督 δ 学习规则两者结合起来，组成有监督 Hebb 学习规则，即

$$\Delta w_{ij} = \alpha[d_i(k) - o_i(k)] o_i(k) o_j(k) \tag{4.10}$$

这种学习规则使神经元通过关联搜索对未知的外界作出反应，即在教师信号 $d_i(k)$ 的指导下，对环境信息进行相关的学习和自组织，使相应的输出增强或削弱。

4.3 基于神经网络的多级损伤诊断

4.3.1 损伤报警

损伤报警是结构损伤诊断的第一步，目的就是判断一个新的

模式在某些重要方面是否偏离先前已经建立的正常模式，来判断结构是否发生损伤并发出警告信号。第一步检测结果一旦确定损伤发生，然后就可启动较复杂的测试系统和分析系统进行结构损伤全面检测(包括损伤定位和损伤程度识别)。

4.3.1.1 问题的提出

损伤报警是通过许多正常的样本模式建立一个模型来描述正常状态的模式特性，然后将一些未曾见过的检验模式放入该模型并与该模型比较异常指标。从概率的角度讲，损伤报警可以看做是一个来自基本数据产生器的检验模式，属于正常模式数据库的概率的大小，基本数据产生器可以定义为无条件概率密度函数 $p(x)$，通过对正常模式数据库的学习，损伤报警产生一个对无条件概率密度函数 $p(x)$的估计量 $\hat{p}(x)$。对于一个检验矢量 x_t，如果 $\hat{p}(x_t)$低于某个报警阀值，则将该检验模式划分为异常。

Bishop[167]使用 Parzen 窗口估计器对 $P(x)$进行估计建模，其表达式为

$$\hat{p}(x)=\frac{1}{N(2\pi)^{D/2}\sigma^{D}}\sum_{j=1}^{N}\exp\left[\frac{-(x-x_j)^2}{2\sigma^2}\right] \tag{4.11}$$

式中：x_j 为训练学习模式；N 为学习模式数量；D 为模式的空间维数；σ 为高斯核函数的总体圆滑参数。

Nairac 等[168]提出用聚类技术将数据空间分割为几个不同的区间，每个区间采用不同的 σ。

1997 年，Worden[169]提出用多层前馈神经网络来检测结构有无损伤，使用传统函数作为网络的输入、输出，产生了一个具有自联想记忆的神经网络过滤器。值得引起注意的是，该过滤器规定其输出层神经元数量必须与输入层的相同，隐含层的神经元数量也必须小于输入层的数量。神经网络如此配置，且由于隐含层非线性神经元的存在，使得只有输入层中的重要特征才能够有效

地传递给输出层，使该神经网络具有过滤器的作用。Ko 等[170-172]则将结构在健康状态下不同方向的整体或局部实测模态频率作为网络的输入和输出，建立了不同的神经网络过滤器、报警指标及阀值，通过比较报警指标与阀值的大小来判断检验样本是否偏离正常状态的样本，以此对结构进行报警模拟检测。

通过分析发现，已有的损伤报警研究方法主要存在两个方面问题：第一，大多数神经网络过滤器采用 BP 网络，它是一种全局逼近神经网络，即每一个输入输出对网络的每一个权值均需要调整，从而导致全局逼近神经网络的学习速度慢、模式分类能力不强；第二，报警指标设计不合理，不能较好地对结构的异常给出反映和判断。

4.3.1.2　结构损伤报警问题的 RBFNN 模型及算法

结构的损伤报警就是设计一个神经网络来判断结构是否发生损伤并发出警告信号。这个神经网络大多采用 BP 网络，它是一种全局逼近神经网络，其作用相当于一个判断损伤是否出现的报警系统。由于全局逼近神经网络的一个权值或自适应可调参数在输入空间的每一点对任何一个输出都有影响，导致了网络学习速度很慢、训练时间比较长，而这对于结构在线检测来说是至关重要的。因此，我们采用径向基神经网络(RBFNN)作为判断损伤是否出现的损伤报警系统，径向基神经网络是一种典型的局部逼近神经网络，它模拟了人脑中局部调整、相互覆盖接受域的神经网络结构，与全局逼近算法的 BP 网络相比，它在函数逼近与联想、模式分类、学习速度等方面都优于 BP 网络。

一个 RBFNN 包括 3 个完整的连接层。第一层是输入层，由信号源节点组成，输入层连接到网络的隐含层，输入层到隐含层是以非线性变换相连。隐含层由一些神经元组成，隐含层的输出通过线性加权作为整个网络的输出。图 4.3 是一个 RBFNN 过滤器的示意图。

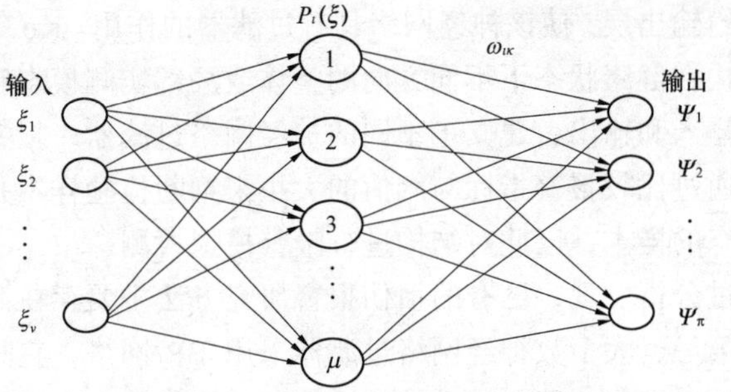

图 4.3 RBFNN 过滤器示意图

隐含层节点中的作用函数(基函数)通常采用高斯函数

$$R_i(x)=\exp[-\frac{\|x-c_i\|^2}{2\sigma_i^{2}}] \quad (i=1,2,\cdots,m) \tag{4.12}$$

式中：m 为隐含层节点数；x 为 n 维输入量；c_i 是第 i 个基函数的中心，与 x 具有相同维数的向量，它的选择对网络逼近能力有很大影响；σ_i 是第 i 个感知的变量(该基函数围绕中心的宽度)，它决定了网络的泛化能力。

输入层实现从 $x\to R_i(x)$ 的非线性映射，输出层实现从 $R_i(x)$ 到 y_k 的线性映射，即

$$y_k=\sum_{i=1}^{m} w_{ik}R_i(x) \quad (k=1,2,\cdots,p) \tag{4.13}$$

式中：p 是输出节点数；w_{ik} 表示第 i 个隐节点单元与第 k 个输出单元之间的权值。

神经网络用于系统辨识的关键在于网络中权值等参数的确定，这些参数通常是通过某种学习算法，并利用系统的输入、输出数据(学习样本)进行训练得到的。这里我们采用一种混合的学习算法，对于隐含层聚类中心向量采用 k–均值聚类算法[173,174]，对于输出层连接权的学习修正可采用成熟的 BP 算法[175-177]，

k–均值聚类算法描述如下：

(1)初始化聚类中心 $c_i(0)$ $(i=1,2,\cdots,m)$ 与初始学习速率 $\beta(0)$ $\left(0<\beta(0)<1\right)$，一般随机选择；

(2)计算第 k 步欧氏距离并求出最小距离的节点，即

$$d_i(k)=\|x(k)-c_i(k-1)\| \quad (i=1,2,\cdots,m) \tag{4.14}$$

$$d_{\min}(k)=\min d_i(k)=d_r(k) \tag{4.15}$$

(3)修正 RBFNN 中心，即

$$c_i(k)=c_i(k-1) \quad \left(1\leqslant i\leqslant m, i\neq r\right) \tag{4.16}$$

$$c_r(k)=c_r(k-1)+\beta(k)[x(k)-c_r(k-1)] \tag{4.17}$$

(4)重新计算节点 r 的距离，即

$$d_r(k)=\|x(k)-c_r(k)\| \tag{4.18}$$

(5)修正学习率，即

$$\beta(k)=0.9(1-k/1\,000) \tag{4.19}$$

4.3.1.3　报警指标

当 RBFNN 用来进行结构损伤报警时，将一系列结构在健康状态下得到的测量数据作为网络的输入和输出来训练这个神经网络。训练完成后，将训练所用的输入再放入训练后的神经网络来产生一系列新的输出，计算该输出与期望输出之间的欧几里得距离，即报警指标。在检验阶段，将来自同样结构、未知状态的测量数据放入训练后的神经网络,它能够形成检验阶段的异常指标，如果检验阶段的异常指标偏离训练阶段的报警指标，则表示出现损伤并给予报警。

在训练阶段，网络的输入为 $\boldsymbol{X}=\{x_1,\ x_2,\ \cdots,\ x_n\}^{\mathrm{T}}$，输出为 $\boldsymbol{Y}=\{y_1,\ y_2,\ \cdots,\ y_n\}^{\mathrm{T}}$，为了便于计算和观察，将输出 $\boldsymbol{Y}$ 变换为包含输入 $\boldsymbol{X}$ 的信息，即网络的输出 $\boldsymbol{Y}$ 为

$$y_i=k\left(x_i-\boldsymbol{m}_i\right)+\boldsymbol{m}_i \quad (i=1,2,\cdots,n) \tag{4.20}$$

式中：k 为一个正的常数；$\boldsymbol{m}_i$ 为训练样本集中输入矢量的第 i 个元素的平均值。

当网络训练完成之后，再将训练中的输入 $\boldsymbol{X}$ 放入网络中，得到网络输出模式估计 $\hat{\boldsymbol{Y}}$，则训练阶段的报警指标 $\lambda(\hat{\boldsymbol{Y}})$ 可用欧几里得距离函数表示为

$$\lambda(\hat{\boldsymbol{Y}}) = \|\hat{\boldsymbol{Y}} - \boldsymbol{Y}\| \tag{4.21}$$

检验阶段，一系列来自同一结构、未知来源的模态数据 $\boldsymbol{X}_t$ 放入训练后的神经网络中，得到网络输出($\hat{\boldsymbol{Y}}_t$)，其对应的检验阶段异常指标为

$$\lambda(\hat{\boldsymbol{Y}}_t) = \|\hat{\boldsymbol{Y}}_t - \boldsymbol{Y}_t\| \tag{4.22}$$

式中：$\boldsymbol{X}_t=\{x_{1t}, x_{2t}, \cdots, x_{nt}\}^{\mathrm{T}}$ 是检验矢量的输入；$\boldsymbol{Y}_t=\{y_{1t}, y_{2t}, \cdots, y_{nt}\}^{\mathrm{T}}$ 是检验矢量的期望输出，其中第 i 个元素为

$$y_{it} = k(x_{it} - \boldsymbol{m}_i) + \boldsymbol{m}_i \quad (i = 1, 2, \cdots, n) \tag{4.23}$$

如果检验阶段的异常指标 $\lambda\left(\hat{\boldsymbol{Y}}_t\right)$ 偏离训练阶段的报警指标 $\lambda(\hat{\boldsymbol{Y}})$，则表示损伤产生，若两个序列不可分，则表示无损伤。

如果损伤出现了，为了更好地定量判断，可以定义一个损伤报警指标阀值 δ_λ，即

$$\delta_\lambda = \bar{\lambda} + 4\sigma_\lambda \tag{4.24}$$

式中：$\bar{\lambda}$ 和 σ_λ 分别表示训练阶段报警指标的平均值和标准偏差。

4.3.1.4 RBFNN 输入特征参数的选择

由结构动力特征方程可知，频率是结构整体刚度与整体质量的函数，是一个整体量，结构某个构件或某一部分发生损伤都会造成结构频率的变化。从损伤报警能力上，模态频率、模态振型、应变模态、柔度矩阵等都是很好的损伤特征量，从经济的角度出发，频率是工程上最简单、最经济、最实用、最易获得的模态参

数，精度又容易保证(低阻尼结构的频率识别的分辨率一般可达到 0.1%，而同时其振型误差可高达 10%甚至更多)。另外，频率的整体辨识特性使测量点可以根据实际情况进行定制，这些都是基于频率损伤报警的优势所在。因此，我们选择频率作为 RBFNN 输入特征参数来损伤报警。

4.3.2　损伤定位

一旦确定结构有损伤后，下一步就需要对结构损伤进行位置识别，神经网络可以用来解决这个问题，许多学者已在不计测量误差(即认为振动测试结果是确定的)情况下，采用神经网络成功地识别结构的损伤位置[178-182]。但是，结构的振动测试必然会受到环境噪声的影响，因而实测到的结构振动特性、响应等参数是不确定的。目前，在损伤定位识别中应用最为广泛的 BP 网络存在着训练后网络不能继续保存噪声的缺点，不适合在有测试噪声情况下的损伤定位。而概率神经网络(Probabilistic Neural Networks, PNN)是以贝叶斯概率的方法描述测量数据[183,184]，具有在有噪声污染的测试数据中进行损伤识别的能力，通过具有无参估计的已知数据集的概率密度函数来实现贝叶斯决策，并将它放在神经网络框架中，通过判断未知数据最大可能属于哪个已知数据集来判断未知来源的检验矢量究竟属于哪一类损伤位置的模式类。

PNN 有基本和自适应两种形式。基本形式表现为一次学习完成且基函数在所有维的测量空间中具有相同的宽度，即 σ 对所有的模式类都是同一且是凭经验而设定的，称为传统 PNN；自适应形式表现为基函数在每一维具有不同的宽度，即在不同的空间维数上具有不同的 σ，称为自适应 PNN。传统 PNN 的高斯核函数在各个输入变量(测量空间的所有维数)使用同一个宽度，这可能导致分类结果不正确和计算效率低下。自适应 PNN 是对传统 PNN

的重要改进，它通过重复迭代的方法优化确定不同的测量空间维数选用不同的 σ[185]，因而它牺牲了传统 PNN 不需要学习的特点，但却换来了较高的分类精度。

基于以上的情况，同时考虑到国内对 PNN 在损伤诊断中的应用研究还很少，特别是自适应 PNN，我们尝试将计算智能中的神经网络、遗传算法与概率统计中的贝叶斯推理结合起来进行结构的损伤定位。

4.3.2.1 传统 PNN

PNN 是 1990 年由 Specht D.F.提出来的[184]，它是将具有 Parzen 窗口估计的贝叶斯决策放进神经网络框架中，对于具有 $\theta_1,\cdots,\theta_q,\cdots,\theta_s$ 的多类问题来说，一个 p 维矢量 $\{x_1,\cdots,x_i,\cdots,x_p\}^{\mathrm{T}}$ 的测量集，基于贝叶斯决策准则来判断 $\theta\in\theta_q$ 的状态，可以表述为

$$d(\boldsymbol{X})\in\theta_q\quad[h_q l_q f_q(\boldsymbol{X})>h_k l_k f_k(\boldsymbol{X}),\ k\neq q] \tag{4.25}$$

式中：$d(\boldsymbol{X})$是检验矢量 $\boldsymbol{X}$ 的决策；θ_q 表示第 q 类；h_q、h_k 分别是 θ_q 类和 θ_k 类的先验概率；l_q 是本为 θ_q 而被错分为其他类的损失；l_k 是本为 θ_k 而被错分为其他类的损失；$f_q(\boldsymbol{X})$和 $f_k(\boldsymbol{X})$分别为 θ_q 类和 θ_k 类的概率密度函数。

在损伤诊断中，我们假定 h 和 l 对所有类都是相同的，因此使用方程(4.25)的关键就是评价基于训练模式的概率密度函数的能力。这里用 Parzen 窗口来估计核密度的概率密度函数[184,185]

$$f_q(\boldsymbol{X})=\frac{1}{n_q(2\pi)^{p/2}\sigma^p}\sum_{i=1}^{n_q}\exp\left[\frac{-(\boldsymbol{X}-\boldsymbol{X}_{qi})^{\mathrm{T}}(\boldsymbol{X}-\boldsymbol{X}_{qi})}{2\sigma^2}\right] \tag{4.26}$$

式中：$\boldsymbol{X}$ 是待分类的检验矢量；$f_q(\boldsymbol{X})$是 q 类在 $\boldsymbol{X}$ 点的概率密度函数值；n_q 是训练矢量中 q 类的数量；p 是训练矢量的维数；$\boldsymbol{X}_{qi}$ 是 q 类中第 i 个训练矢量。

图 4.4 是一个四层 PNN 的拓扑结构示意图，它由输入层、模式层、求和层、决策层组成。输入层仅仅是将待分类的矢量 $\boldsymbol{X}$ 完

全不变地传给模式层的各个节点，每一个模式层节点，如图 4.5 所示。其功能是将输入节点传来的输入进行加权求和，即

$$z_j = \boldsymbol{XW}_j \tag{4.27}$$

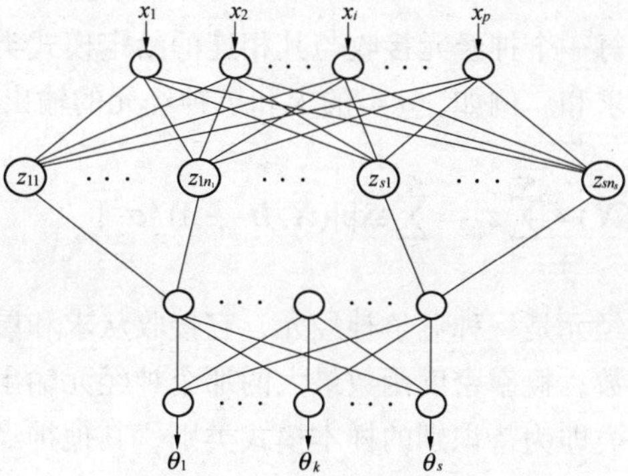

图 4.4　四层 PNN 拓扑结构示意

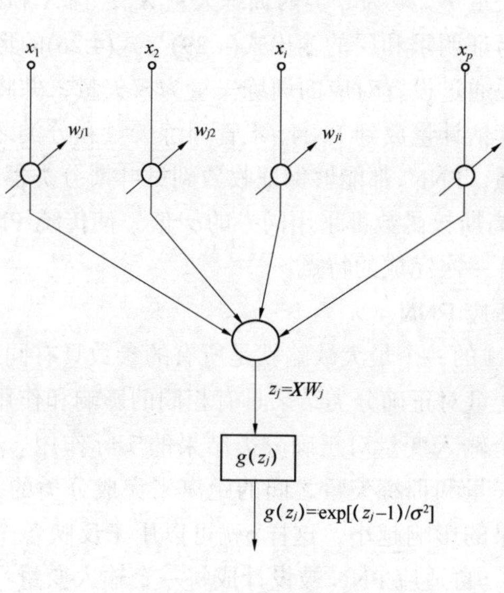

图 4.5　模式层节点

同时，在输出到求和层之前完成对 z_j 的非线性操作，这里非线性算子采用

$$g(z_j)=\exp[(z_j-1)/\sigma^2] \tag{4.28}$$

求和层中的每一个神经元接收与其相连的给定模式类的所有模式层的输出并求和。例如，q 类的求和层神经元的输出为

$$f_q(\boldsymbol{X})=\sum_{j=1}^{n_q} z_{qj}=\sum_{j=1}^{n_q}\exp[(\boldsymbol{X}\cdot\boldsymbol{W}_{qj}-1)/\sigma^2] \tag{4.29}$$

决策层的神经元是一种竞争神经元，它接收从求和层输出的各类概率密度函数，概率密度函数最大的那个神经元输出为 1，即所对应的那一类即为待识别的样本模式类别，其他神经元的输出全为 0。

如果权矢量 $\boldsymbol{W}_{qj}$ 取为 q 类的训练矢量 $\boldsymbol{X}_{qj}$，且 $\boldsymbol{X}$ 和 $\boldsymbol{X}_{qj}$ 都归一化，则很容易证明求和层的输出式(4.29)与式(4.26)的形式是一样的。也就是说通过设置对应的训练矢量为权矢量，并将概率密度函数的核密度估计量放到 PNN，不管训练矢量和分类之间具有多么复杂的关系，PNN 都能够保证收敛到贝叶斯分类器[185]。传统 PNN 对所有高斯核函数都采用同一的σ 值，使传统 PNN 具有构造容易、训练一次完成的特点。

4.3.2.2　自适应 PNN

传统 PNN 的一个最大缺陷就是所有的参数具有同一个σ，使得各个输入变量对正确分类结果具有相同的影响和作用，不能真实地反映各个输入变量对正确分类结果的实际作用。由于 PNN 是基于检验矢量和训练矢量之间的距离来完成分类的，σ越大，其对分类结果的影响越小，这样σ就可以用来反映各个输入变量的重要程度了。自适应 PNN 被设计成每一个输入变量具有不同的σ，每一个σ以优化的方式得到，使其成为那个参数相对重要性的

一种度量。据此，应该选用一个应用更普遍的距离函数，检验矢量 $\boldsymbol{X}$ 与第 q 类训练矢量 $\boldsymbol{X}_{qi}$ 之间带权值的欧几里得距离可计算表示为

$$D(\boldsymbol{X},\boldsymbol{X}_{qi})=\sum_{j=1}^{p}\left[\frac{\boldsymbol{X}_j-\boldsymbol{X}_{qi}(j)}{\sigma_j}\right]^2 \tag{4.30}$$

则高斯核函数的概率密度估计值为

$$f_q(\boldsymbol{X})=\frac{1}{n_q}\sum_{i=1}^{n_q}\exp[-D(\boldsymbol{X},\boldsymbol{X}_{qi})] \tag{4.31}$$

给出训练矢量和输入矢量的 σ（参数集），我们可以通过方程(4.31)计算出检验点每一类的概率密度估计值。

为了确定优化的 σ，一个连续的能够计算导数的优化误差标准取为[186]

$$e_q(\boldsymbol{X})=[1-b_q(\boldsymbol{X})]^2+\sum_{j\neq q}[b_j(\boldsymbol{X})]^2 \tag{4.32}$$

这里贝叶斯可信度 $b_q(\boldsymbol{X})$通过下式得到

$$b_q(\boldsymbol{X})=\frac{h_q(\boldsymbol{X})}{v(\boldsymbol{X})} \tag{4.33}$$

$$v(\boldsymbol{X})=\sum_{q=1}^{s}h_q(\boldsymbol{X}) \tag{4.34}$$

$$h_q(\boldsymbol{X})=\sum_{i=1}^{n_q}\delta_q(i)\exp[-D(\boldsymbol{X},\boldsymbol{X}_{qi})] \tag{4.35}$$

$$\delta_q(i)=\begin{cases}1 & (i\in q\ \text{类})\\ 0 & (i\notin q\ \text{类})\end{cases} \tag{4.36}$$

优化 σ 可以通过传统的优化方法如梯度下降等技术得到，Tian 等[187]分别采用最小分类误差和最大似然的学习方法来寻找最优

的σ，并用两种学习算法优化后的 PNN 对卫星云图数据进行了分类识别。这些优化方法都需要优化标准函数关于σ的导数，这要求优化标准函数连续可导，同时有些优化标准函数求导数比较复杂，且容易导致局部最优解。基于这些原因，采用遗传算法(GA)来优化自适应 PNN 的σ，用 GA 进行参数优化具有两个优点：第一，不需要对优化标准函数求导数；第二，能够减少收敛到局部最优解的机会。遗传算法经过选择、复制、交叉、变异等过程，检验许多σ，直到找到一组最优的σ，使训练数据中的分类正确率最高。

4.3.2.3 自适应 PNN 的损伤定位机理

当自适应 PNN 被用来进行损伤定位时，输入层中的输入矢量 $\boldsymbol{X}$ 由 p 个模态参数组成。在模式层中，有 s 个模式类，每一类代表一个可能损伤的位置，每一个模式类有自己的模式样本。通过结构的有限元精细模型分析计算每一个模式类的模态参数，为了考虑测量误差等因素的影响，对每一模式类，在分析模态参数的基础上再加上正态分布随机噪声，以形成一系列训练样本矢量，即

$$\boldsymbol{y}_i = \boldsymbol{y}_i^a \times (1 + \varepsilon R) \tag{4.37}$$

式中：$\boldsymbol{y}_i$ 是噪声污染后的测量模态参数(固有频率或模态矢量)；$\boldsymbol{y}_i^a$ 是某一损伤模式类的理论分析模态参数；R 是均值为 0、偏差为 1 的正态分布随机数；ε是损伤噪声程度指标。

将所有被噪声污染的训练模式类矢量设置为输入层和模式层之间的权值，并采用遗传算法(GA)来优化自适应 PNN 的σ，损伤定位的自适应 PNN 就配置好了。如果 n_k 作为第 k 类的训练矢量个数，则模式层中神经元的总数是 $\sum_{k=1}^{s} n_k$ ，这里的 s 为模式类数。求和层有 s 个神经元，每个代表一类的概率密度。决策层与求和

层相同，也有 s 个神经元，不过只有一个输出为 1，其余为 0。当将一个未知来源的、新的实测模式矢量(检验矢量) $\boldsymbol{X}$ 提供给神经网络时,求和层计算出检验矢量点每一模式类的概率密度估计值,具有最大概率密度函数的模式类暗示当前输入矢量的类别及损伤位置，决策层那种模式类的神经元输出为 1，其余输出为 0。

4.3.2.4　网络输入特征参数选择

通过研究 [188-193]发现，特征参数不仅影响网络的学习时间，而且对网络的泛化推理性能也影响巨大。运用神经网络进行结构损伤检测时，经常选用的神经网络特征参数(输入矢量)有：振动响应信号、位移模态、应变、速度、频率、频率变化比、模态应变能变化，这些针对不同问题选用的特征参数不仅没有可比性，而且在用来进行损伤定位时，往往与损伤程度有一定关系，严重地影响了损伤定位的精度。因此，选择仅与损伤位置有关而与损伤程度无关的特征参数作为 PNN 的输入矢量来进行损伤定位,显得尤为重要。

与损伤程度无关、仅是损伤位置函数的输入特征参数有频率变化比[194]、损伤信号指标[195]以及第 3 章研究的改进的损伤定位指标与标准化应变模态差。通过第 3 章的研究，这里我们采用一种结合改进的损伤定位指标与标准化应变模态差的“组合损伤指标”作为网络的输入特征参数 $\boldsymbol{X}$，进行结构的损伤位置的识别。即

$$\begin{aligned}\boldsymbol{X} &= \{x_1, x_2, \cdots\} \\ &= \{IFCR_1,\ \cdots,\ IFCR_m,\ NSMC_1,\ \cdots,\ NSMC_n\}\end{aligned} \tag{4.38}$$

式中：$IFCR_i\ (i=1,2,\cdots,m)$ 和 $NSMC_i\ (i=1,2,\cdots,n)$ 分别为改进的损伤定位指标和标准化应变模态差指标。

4.3.3　损伤程度识别

三级识别策略的最后任务是损伤程度识别，假设在上一阶段已经确定了结构的损伤位置，下面就在损伤定位的基础上进行结

构损伤程度的识别。对损伤程度的识别，我们采用改进 BP 神经网络。第 3 章已讨论过，一旦损伤位置确定，损伤程度就是模态频率的单因素函数。所以，在此模块中，我们选取改进的损伤程度识别指标作为改进 BP 神经网络的特征参数来识别结构的损伤程度。

BP 神经网络是 Rumelhart 等于 1985 年提出的。网络不仅有输入层节点、输出层节点，而且有隐含层节点(可以是一层或多层)，层与层之间多采用全互连方式，同一层单元之间不存在连接，图 4.6 给出了一个三层 BP 网络结构。对于输入信号要先向前传播到隐节点，经过作用函数后，再把隐节点的输出信息传播到输出节点，最后给出输出结果。

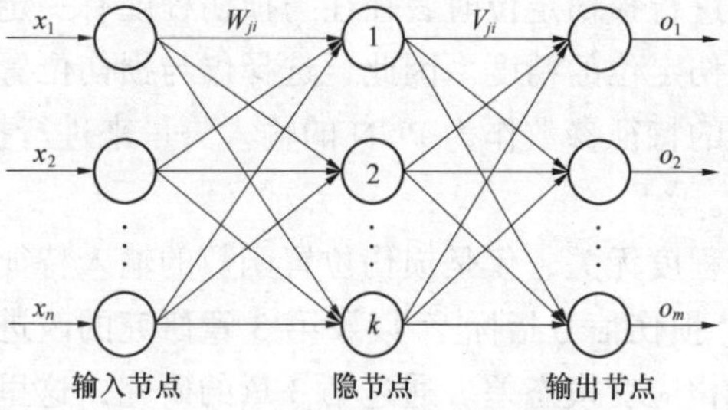

图 4.6　一个三层 BP 网络结构

隐含层神经元的作用函数一般选用下述 S 型函数

$$f(x)=\frac{1}{1+\mathrm{e}^{-x}} \tag{4.39}$$

神经元的输入值和输出值可连续变化，式中 x 为神经元的总输入。

BP 网络学习是典型的有导师学习，其学习算法是对简单的 δ 学习规则的推广和发展，在 BP 网络学习过程中，输出层单元与隐含层单元的误差计算是不同的(计算过程略)，最终的权值修正公式可以统一表示为

$$\left.\begin{aligned} w_{ji}(t+1) = w_{ji}(t) + \Delta w_{ji}(t) \\ \Delta w_{ji}(t) = \eta \delta_j o_i \end{aligned}\right\} \tag{4.40}$$

$$\delta_j = \begin{cases} f'(net_j)(y_j - o_j) & (\text{对于输出层单元}) \\ f'(net_j)\sum\limits_k \delta_k w_{kj} & (\text{对于隐含层单元}) \end{cases} \tag{4.41}$$

式中：$w_{ji}(t)$为神经元 j 和 i 在时刻 t 时的权值；$\Delta w_{ji}(t)$为时刻 t 时的权值变化量；η为网络学习率；o_i 为神经元 i 输出；δ_j 为神经元 j 表现出来的误差；net_j 为神经元 j 的总输入；y_j 与 o_j 分别为输出层神经元 j 的目标输出和实际输出。

以上 BP 算法收敛速度慢，容易收敛到局部最小点。在西安交通大学的张永怀及刘君华对此方法进行了深入研究的基础上，建议为避免 BP 算法的上述缺陷，可采用附加动量法修正权值[196]，并采用自适应参数调节法来缩短训练时间。即修正权值时，不仅考虑误差在梯度上的作用，且考虑误差曲面上变化趋势的影响，在正向传播的第一个权值变化上加上一项正比于前次权值变化量的值，并反向传播产生新的权值变化，具体改进如下

$$\Delta w_{ji}(t) = \alpha \Delta w_{ji}(t-1) + (1-\alpha)\eta \delta_j o_i \tag{4.42}$$

$$w_{ji}(t+1) = w_{ji}(t) + \Delta w_{ji}(t) \tag{4.43}$$

式中：$\Delta w_{ji}(t)$为时刻 t 时的权值变化量；η为网络学习率；o_i 为神经元 i 输出；δ_j 为神经元 j 表现出来的误差；α为动量因子，取值如下

$$\alpha = \begin{cases} 0 & (e(n) < e(n-1) \times 1.05) \\ 0.9 & (e(n) > e(n-1)) \\ \alpha & (\text{其他}) \end{cases} \tag{4.44}$$

$e(n)$为第 n 次输出值与目标值之差。附加动量法的实质是将最后一次权值变化的影响，通过一个动量因子传递，动量因子为 0 即为传统 BP 算法；动量因子为 1，新的权值增加量设置为最后

一次权值增量。

4.4　悬臂梁数值算例

本节采用一个复合材料悬臂梁结构来对上述在有测试噪声情况下基于神经网络多级结构损伤诊断技术有效性进行数值仿真研究。悬臂梁结构的有限元模型如图 3.1 所示，共 20 个单元，21 个节点。损伤定义为梁的抗弯刚度 EI 下降的百分比。该模型长 200 mm，宽 10 mm，厚 2 mm；材料弹性模量 E_1=38.6 GPa，E_2=8.27 GPa，E_3=8.27 GPa；泊松比 $\mu_{12}=0.26$，$\mu_{13}=0.26$，$\mu_{23}=0.52$；剪切模量 $G_{12}=4.14$ GPa，$G_{13}=4.14$ GPa，$G_{23}=3.10$ GPa；材料密度 ρ=1 033 kg/m^3。

4.4.1　损伤报警

4.4.1.1　损伤模式样本的产生

共模拟产生 9 个损伤样本，用来进行悬臂梁损伤报警(见表 4.1)。

表 4.1　悬臂梁的模拟损伤模式样本

样本号	损伤单元	损伤描述	η(%)
Case 1	单元 2	弹性模量减少 60%	7.2
Case 2	单元 4	弹性模量减少 50%	5.3
Case 3	单元 6	弹性模量减少 30%	1.6
Case 4	单元 6	弹性模量减少 70%	8.0
Case 5	单元 8	弹性模量减少 50%	2.7
Case 6	单元 11	弹性模量减少 20%	1.2
Case 7	单元 11	弹性模量减少 60%	6.8
Case 8	单元 13	弹性模量减少 50%	4.0
Case 9	单元 16	弹性模量减少 40%	3.2

根据损伤结构的物理特性的变化，利用有限元模型计算出悬

臂梁在健康状况下及 9 种损伤状态下的模态特性，考虑到损伤报警只使用模态频率，故这里选择悬臂梁损伤前后的前 5 阶横向弯曲振动的模态频率比作为 RBFNN 的输入，前 5 阶不含测试噪声的模态频率比，如表 4.2 所示。

表 4.2　前 5 阶模态频率比

前 5 阶损伤后与损伤前模态频率比 (ω_d/ω_u)	损伤模式									
	无损	case1	case2	case3	case4	case5	case6	case7	case8	case9
1 阶	1	0.928 21	0.946 96	0.983 7	0.920 11	0.976 54	0.997 59	0.985 76	0.995 81	0.999 57
2 阶	1	0.965 98	0.996 73	0.997 74	0.989 1	0.973 83	0.987 42	0.932 4	0.959 99	0.991 4
3 阶	1	0.985 45	0.993 16	0.984 02	0.929 66	0.973 36	0.999 25	0.995 88	0.967 21	0.971 21
4 阶	1	0.995 2	0.972 29	0.989 23	0.957 55	0.996 98	0.989 34	0.947 07	0.997 4	0.968 39
5 阶	1	0.997 05	0.967 48	0.999 17	0.995 54	0.971 95	0.998 17	0.990 8	0.962 71	0.985 99

考虑到测量噪声的影响，分别在每一个分析模态频率比的基础上添加一个均值为 0、均方差为 0.005 的相互独立的正态分布随机数，模拟被噪声污染过的测量数据，即按照式(4.37)计算。每一个损伤模式样本及无损伤模式样本产生的数据长度都为 300，每一个样本的输入按照式(4.37)计算，输出则按照式(4.20)计算，形成一系列样本数据集。其中，训练 RBFNN 的训练样本集采用无损伤的模式样本产生的 300 个数据，而检验 RBFNN 的检验样本则用 9 个损伤模式样本产生的样本集，每个样本集都有 300 个数据，图 4.7 所示为含测试噪声的部分样本数据。运用训练样本集训练 RBFNN 过滤器，直到满足收敛停止的要求，则过滤器训练完成。

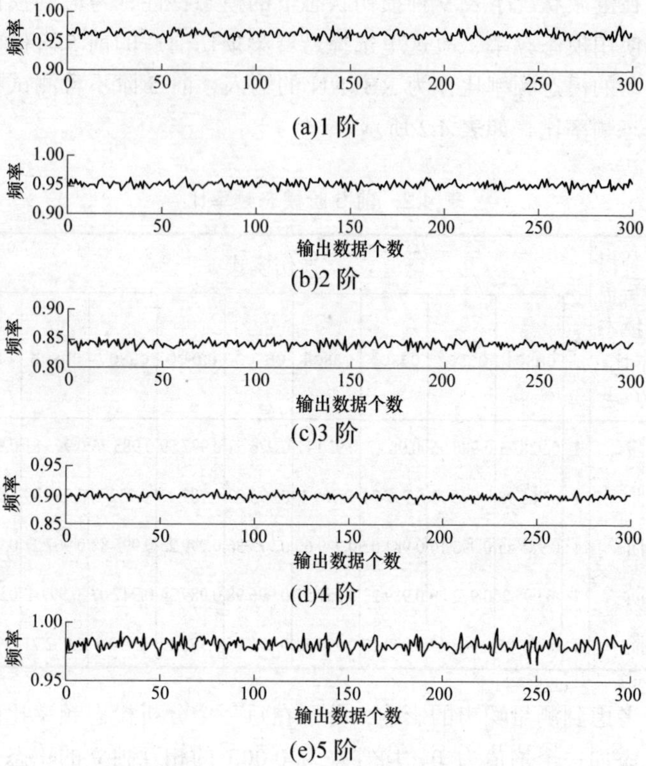

图 4.7 含测试噪声部分样本

4.4.1.2 损伤报警结果

将训练样本集的输入放入训练后的 RBFNN 过滤器，它产生输出，按照式(4.21)计算出训练阶段的报警指标。同时，将检验样本集中的输入放入 RBFNN 过滤器，它会产生输出，按照式(4.22)可以计算出检验阶段的异常指标。如果检验阶段的异常指标序列偏离训练阶段的报警指标，则表示损伤出现并给予报警。

图 4.8 是采用 RBFNN 过滤器的训练及检验阶段的结果，其

中前 300 个为训练样本的报警指标，后 300 个为检验样本的异常指标。可以看出，除了损伤模式 case 6 外，其他损伤模式的检验异常指标都明显偏离训练阶段报警指标，对损伤的产生给予明确的报警。图 4.9 则是采用目前常用的 BP 神经网络过滤器的训练及检验阶段结果，从图中可以看出，除了损伤模式 case 1、case 2、case 4 给出了较为明显的报警外其余都无法对损伤给予报警。

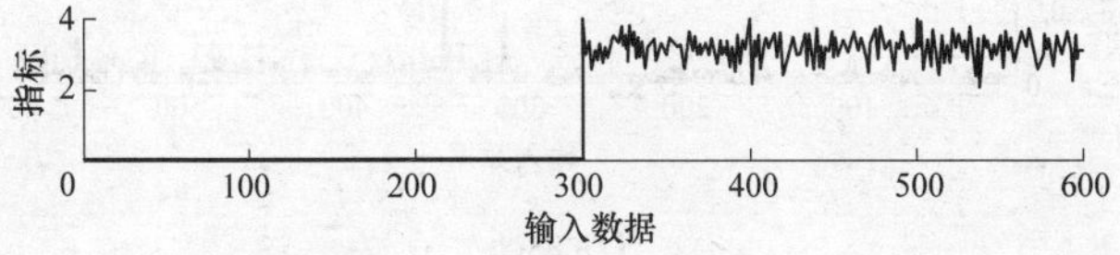

(a)case1

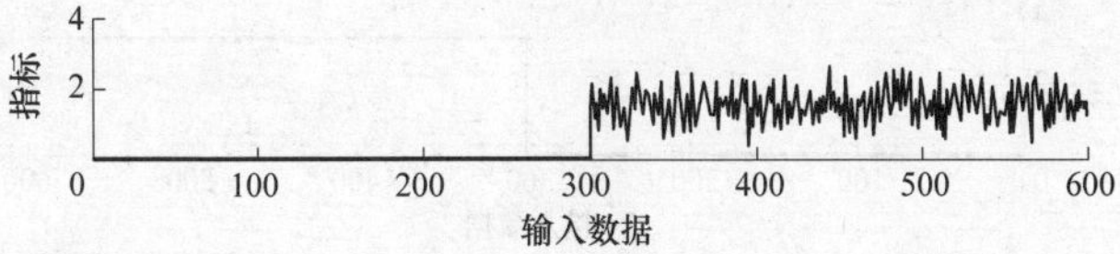

(b)case2

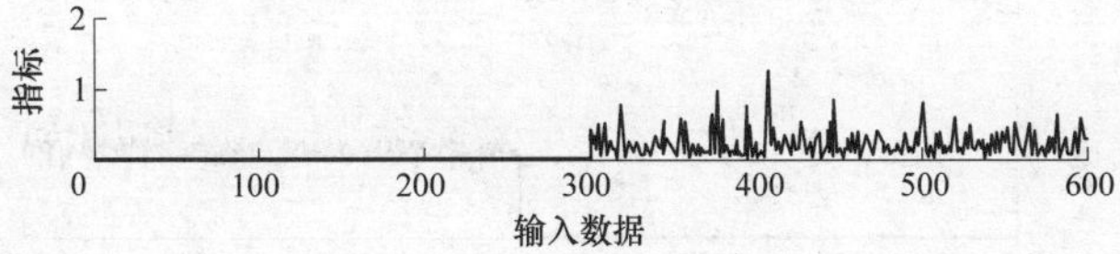

(c)case3

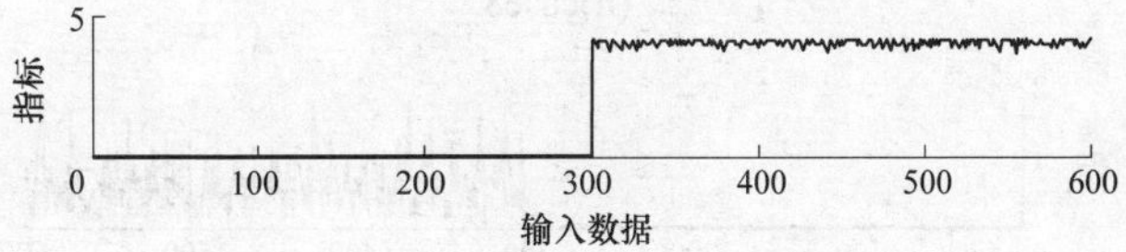

(d)case4

图 4.8　RBFNN 训练及检验阶段指标

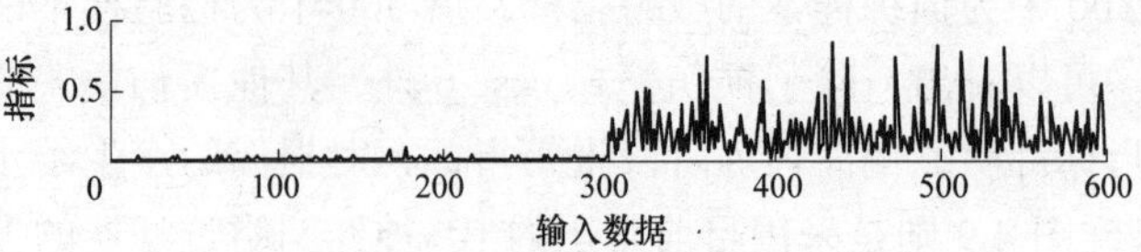

(e)case5

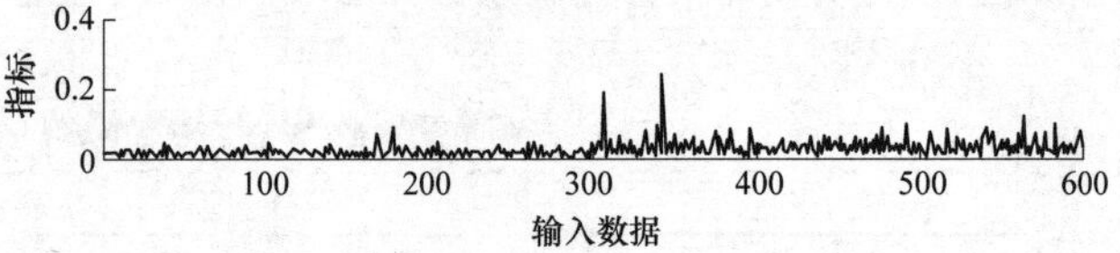

(f)case6

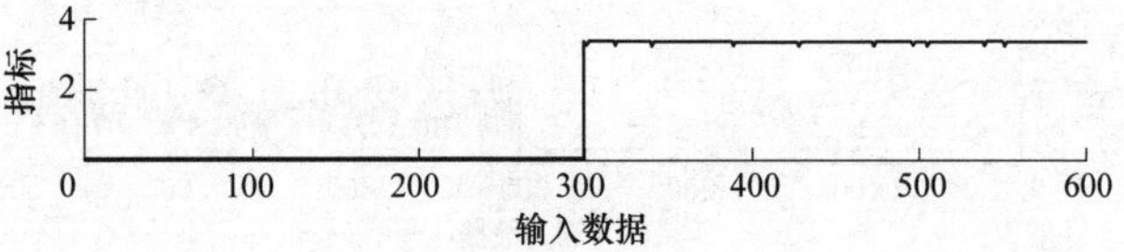

(g)case7

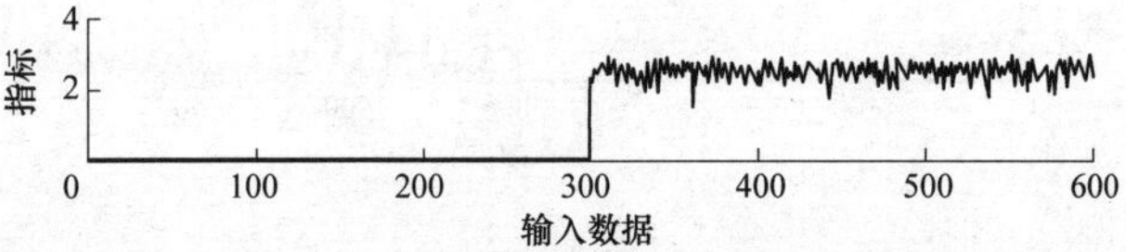

(h)case8

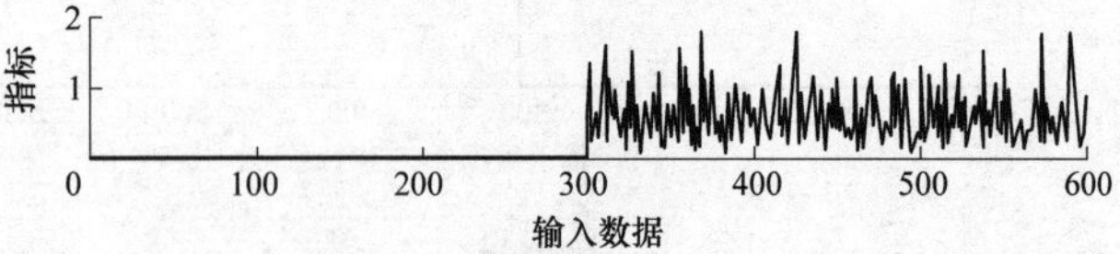

(i)case9

续图　4.8

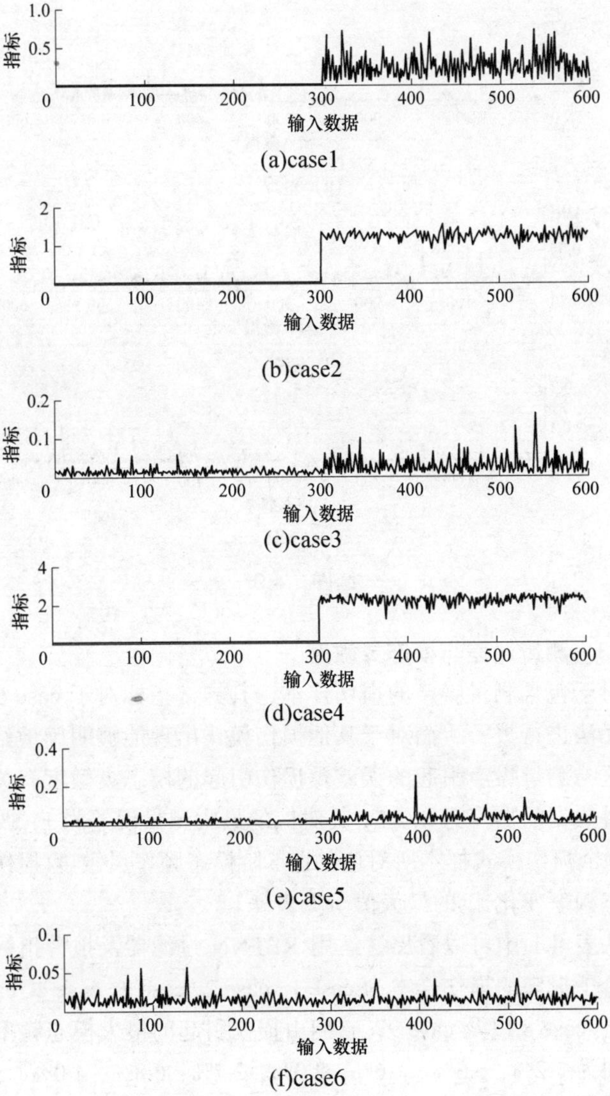

图 4.9　BP 神经网络训练及检验阶段指标

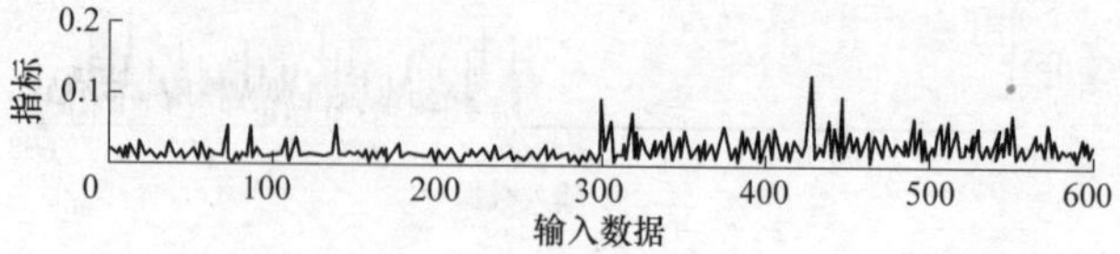

(g)case7

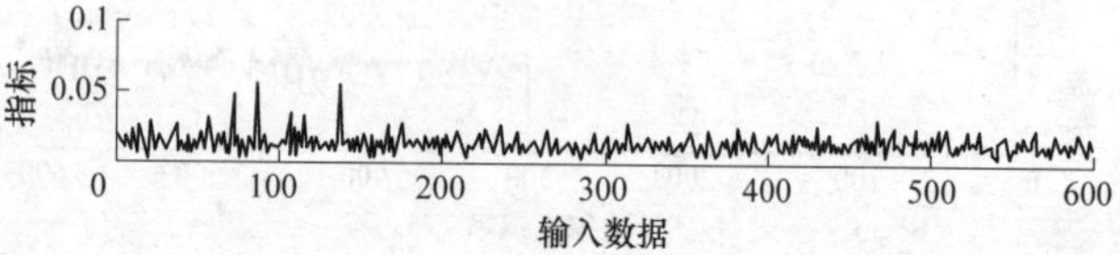

(h)case8

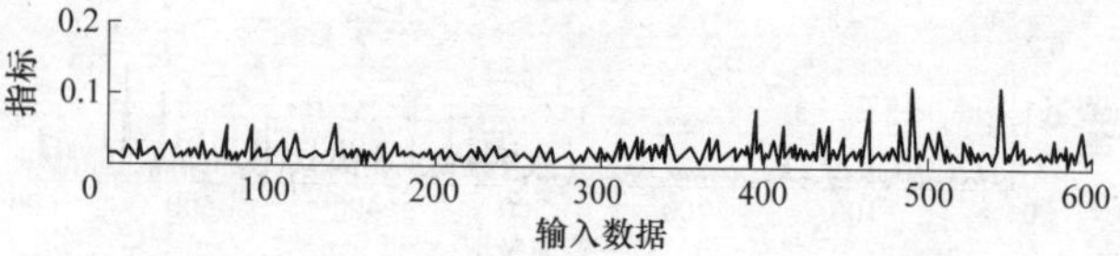

(i)case9

续图　4.9

4.4.1.3　测量误差与模态灵敏度

对于包含测量噪声的损伤样本，其异常指标对于 case 6 损伤模式无法进行报警，而对于其他损伤模式出现能够明确地给予报警，这与测量噪声引起的误差及损伤引起的模态灵敏度有关，所有测量数据的噪声为 0.005，其对应的最大测量误差为 ±1.5%，而此时 9 个损伤模式样本所对应的前 5 阶模态频率灵敏度(损伤引起的模态频率变化比)的最大值 η 见表 4.1。

从表 4.1 中可以看出，运用 RBFNN 过滤器及报警指标能够明确给予报警的损伤样本为 case 1、case 2、case 3、case 4、case 5、case 7、case 8 以及 case 9，它们由损伤引起的最大模态频率变化比分别为 7.2%、5.3%、1.6%、8.0%、2.7%、6.8%、4.0%、3.2%，全部大于 1.5%。无法用过滤器检测损伤出现的损伤样本为 case 6，它由损伤引起的最大模态频率变化比为 1.2%，小于 1.5%。通过分析比较，可以得出以下的结论：只要由损伤引起的频率变化比大于测量误差，RBFNN 过滤器就能够明确地判断损伤是否出现；损伤引起的频率变化比小于测量误差，RBFNN 过滤器不能够判断损伤是否出现。

4.4.2　损伤定位

由基于神经网络的多级结构损伤诊断技术知，在发现结构出现损伤以后，下一步工作就是确定损伤出现的位置。

4.4.2.1 损伤位置模式样本的产生

采用上面第 4.4.1 部分建立的有限元模型，选择单元 2、4、6、8、10、12、14、16、18 共 9 个单元通过减小单元的弹性模量来模拟产生 9 个位置的损伤模式情况。

根据式(4.38)，选取 25 个模态参数构成神经网络的输入矢量，即悬臂梁的前 5 阶改进的损伤定位指标与 20 个标准化后的应变模态差指标。其中，20 个标准化的应变模态差指标为第 1 阶应变模态在 20 个点处的损伤前后标准化的应变模态差，这 20 个点是有限元模型中的第 2～21 节点。图 4.10 为 9 个损伤模式的无噪声标准化的应变模态差指标，表 4.3 为前 5 阶无噪声时改进的损伤定位指标。

为了得到训练矢量，对每个模式计算相应的模态参数。由于测量误差是不可避免的，对每一个损伤序列在理论计算模态参数的基础上加一个相互独立的、正态分布的随机序列数来模拟实测数据，即按式(4.37)进行计算模拟。对每一个损伤序列，随机产生 100 个测量数据集，一共产生 $100\times9=900$ 个训练样本。检验样本的产生方法与训练样本的产生方法一样，每个检验损伤序列产生 100 个测量数据集，共产生 $100\times9=900$ 个检验样本。训练样本和检验样本见表 4.4。

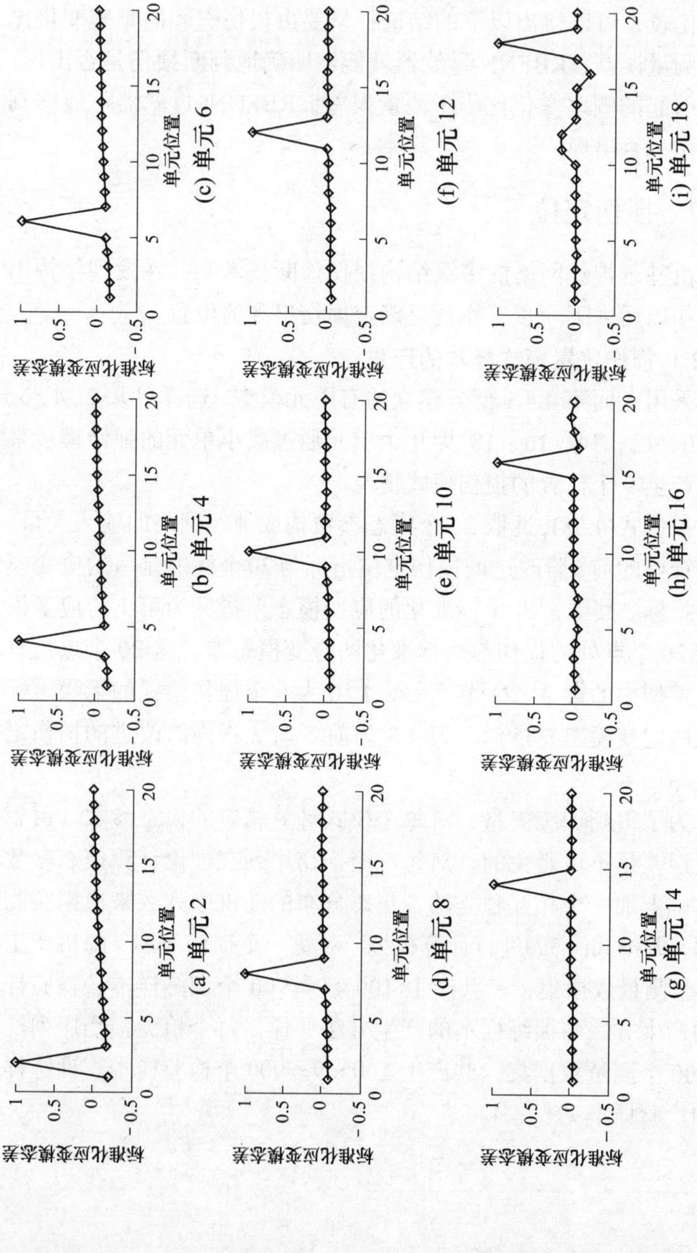

图 4.10　9 个损伤模式的标准化应变模态差曲线图

表 4.3　前 5 阶无噪声时改进的损伤定位指标

前 5 阶改进的损伤定位指标	损伤模式								
	单元 2	单元 4	单元 6	单元 8	单元 10	单元 12	单元 14	单元 16	单元 18
1 阶	0.002 972	0.000 329	0.000 739	0.000 146	0.000 167	0.000 043	0.000 027	0.000 004	0
2 阶	0.060 361	0.000 82	0.004 06	0.006 67	0.023 004	0.012 508	0.014 008	0.003 17	0.000 411
3 阶	0.211 18	0.013 237	0.229 01	0.056 263	0.007 411	0.034 882	0.177 41	0.085 604	0.017 575
4 阶	0.270 7	0.212 58	0.631 84	0.024 198	0.652 41	0.172 47	0.100 99	0.394 57	0.169 58
5 阶	0.454 79	0.773 03	0.134 35	0.912 72	0.317 01	0.780 1	0.707 57	0.516 65	0.812 43

表 4.4　训练样本和检验样本

样本号	损伤单元	训练样本		检验样本	
		损伤描述	数据长度	损伤描述	数据长度
Case 1	单元 2	弹性模量减少 50%	100	弹性模量减少 10%	100
Case 2	单元 4	弹性模量减少 50%	100	弹性模量减少 20%	100
Case 3	单元 6	弹性模量减少 50%	100	弹性模量减少 20%	100
Case 4	单元 8	弹性模量减少 50%	100	弹性模量减少 30%	100
Case 5	单元 10	弹性模量减少 50%	100	弹性模量减少 30%	100
Case 6	单元 12	弹性模量减少 50%	100	弹性模量减少 20%	100
Case 7	单元 14	弹性模量减少 50%	100	弹性模量减少 10%	100
Case 8	单元 16	弹性模量减少 50%	100	弹性模量减少 10%	100
Case 9	单元 18	弹性模量减少 50%	100	弹性模量减少 30%	100

4.4.2.2　损伤定位的 PNN 模型

如前所述，一个 PNN 由 4 层组成，悬臂梁损伤定位的 PNN 的输入层为前 5 阶改进的损伤定位指标和在 20 个点处的第 1 阶标准化应变模态差指标，其神经元个数为 25。每一个训练样本作为模式层中 1 个神经元，则模式层中神经元的数目为 $\sum_{q=1}^{s} n_q = 100 \times$

9=900，求和层有 9 个神经元，表示 9 个损伤位置，决策层有 9 个神经元，只有 1 个神经元的输出为 1，其余的均为 0。

对于传统 PNN，只有σ是可调节的，Specht[184]经过研究发现，当σ取值在 0.2~0.3 之间时，PNN 的分类效果最好，因此这里取σ=0.25。当所有模式类输入矢量被放入模式层之后，用来进行损伤定位的传统 PNN 就被训练完成，一个新的未知来源的输入矢量出现并放入传统 PNN 后，训练后的 PNN 计算出在检验矢量那点每一类的概率密度值，具有最大值的那一类损伤就是要识别的悬臂梁损伤单元位置。

自适应 PNN 的网络结构、损伤样本与传统 PNN 相同，只是传统 PNN 采用统一的σ，而自适应 PNN 则先随机产生一个σ，然后用遗传算法寻找各个不同的最优σ，取所有模式类不正确分类的平均百分比最小为优化目标。

4.4.2.3 损伤定位的识别结果

分别用传统 PNN 模型、自适应 PNN 模型以及 BP 网络模型对噪声程度ε在 1%～5%共 5 种情况下的损伤样本进行了损伤定位研究，识别结果见表 4.5。

从表 4.5 中可以看出，在同一种噪声水平情况下，自适应 PNN 的损伤定位效果最好，传统 PNN 的效果次之，BP 网络损伤定位的效果最差。主要原因是 BP 网络训练后不能继续保存噪声，另外，损伤引起的模态灵敏度较低也是其损伤识别精度 IA 低的原因之一；由于传统 PNN 所有的输入矢量采用相同的σ，因此损伤定位的识别精度 IA 也不如自适应 PNN 的识别精度 IA 高。另外，对于 3 种不同网络模型来说，随着噪声的增大，损伤定位识别精度 IA 都减少，但与传统 PNN 以及 BP 网络相比，自适应 PNN 损伤位置识别的精度下降幅度较小，当 $\varepsilon=3\%$，自适应 PNN 损伤定位识别结果仍具有较高精度($IA>82\%$)，而此时，传统 PNN 与 BP 网络的损伤定位的识别精度分别是 42.1%和 23.9%。

表 4.5　不同网络模型的识别结果

ε	损伤单元号	2	4	6	8	10	12	14	16	18	*IA*
	检验样本	100	100	100	100	100	100	100	100	100	(%)
1%	传统 PNN	75	88	81	90	86	90	77	74	82	82.5
	自适应 PNN	100	100	100	100	100	100	100	100	100	100
	BP 网络	62	75	74	86	82	73	64	68	81	73.9
2%	传统 PNN	52	63	61	67	70	65	48	52	64	60.2
	自适应 PNN	89	94	93	98	95	94	85	83	96	91.9
	BP 网络	35	37	34	48	43	42	35	39	40	39.2
3%	传统 PNN	39	38	46	49	44	42	34	41	46	42.1
	自适应 PNN	78	87	82	90	86	83	79	74	86	82.8
	BP 网络	17	28	23	39	25	23	19	17	24	23.9
4%	传统 PNN	27	24	33	35	30	28	24	27	28	28.4
	自适应 PNN	53	61	65	76	73	55	54	61	69	63
	BP 网络	9	15	12	21	13	11	10	8	12	12.3
5%	传统 PNN	17	13	20	19	14	16	11	13	19	15.8
	自适应 PNN	36	48	45	50	59	42	38	41	53	45.8
	BP 网络	6	10	9	14	8	7	7	5	8	8.2

4.4.2.4　测量误差及模态灵敏度

从前面的分析可知，当 $\varepsilon \leqslant 3\%$时(此时测量数据集误差的最大波动为 ± 9%)，自适应 PNN 对损伤位置的正确定位具有较高的可信度($IA>82\%$)。为了比较测量误差与由损伤引起的模态灵敏度之间的关系，考虑到所研究的 9 种损伤模式类，取检验损伤模式序列的前 5 阶模态频率灵敏度进行了计算，见图 4.11。

从图 4.11 中可以看出，所有检验损伤模式序列的前 5 阶频率灵敏度均小于或等于 2%，与此同时，当测量误差小于 9%时，自适应 PNN 对损伤位置的正确定位具有较高的可信度($IA>82\%$)。这预示着即使测量误差为由损伤引起的频率变化的 4~5 倍，悬臂梁的损伤被正确定位的可信度仍很高。

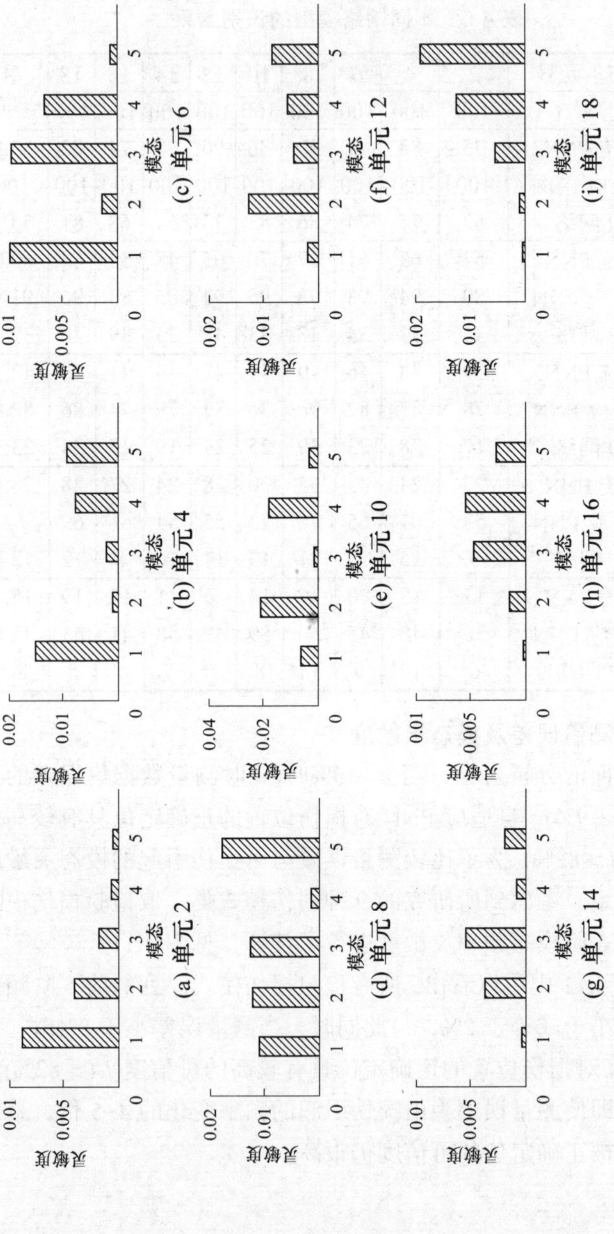

图 4.11　检验损伤模式序列前 5 阶模态灵敏度

以上通过使用不同的神经网络模型对复合材料悬臂梁的损伤定位进行了数值仿真研究，我们可以得到以下的初步结论：

(1)自适应 PNN 的损伤定位识别精度比传统 PNN 的分类效果好，传统 PNN 的损伤定位效果比 BP 网络的分类效果好。

(2)当使用 25 个输入矢量的自适应 PNN，在噪声程度低于 3%时，复合材料悬臂梁的损伤位置被正确识别的可信度很高($IA>82\%$)，此时对应的测量数据误差的最大波动为 ± 9%，而所有检验损伤模式序列的前 5 阶频率灵敏度都小于或等于 2%，这说明即使测试误差是由损伤引起的频率变化的 4~5 倍，损伤位置仍能以较高的可信度被识别出来。

(3)将传统分类规则贝叶斯概率理论与神经网络、遗传算法相结合的自适应 PNN，在处理具有不确定信息的损伤定位领域中具有良好的发展前景。

4.4.3　损伤程度评估

4.4.3.1　损伤程度模式样本产生

仍采用第 4.4.1 部分建立的有限元模型，由于篇幅所限，这里我们只选择单元 6 的弹性模量降低来模拟产生 5 个不同损伤程度的模式，5 个不同损伤程度分别为弹性模量降低 10%、30%、50%、70%、90%。为了得到训练样本，我们采用第 1 阶改进的损伤程度指标作为网络的输入，对每个模式计算相应的第 1 阶的改进损伤程度指标。考虑到测量噪声的影响，分别在改进的损伤程度指标的基础上添加一个均值为 0、均方差为 0.03 的相互独立的正态分布随机数，模拟被噪声污染过的测量数据，即按照式(4.37)计算。对每一个损伤程度模式，随机产生 100 个测量数据集，一共产生 $100\times5=500$ 个训练样本，检验样本的产生方法与训练样本的产生方法一样。训练样本见表 4.6。

表 4.6 训练样本

样本号	损伤单元	训练样本	
		损伤描述	数据长度
Case 1	单元 6	弹性模量减少 10%	100
Case 2	单元 6	弹性模量减少 30%	100
Case 3	单元 6	弹性模量减少 50%	100
Case 4	单元 6	弹性模量减少 70%	100
Case 5	单元 6	弹性模量减少 90%	100

4.4.3.2 损伤程度识别的改进 BP 网络模型

根据前面所讲，网络输入为结构第 1 阶改进损伤程度指标，输出为损伤程度，故这里我们选择改进 BP 网络结构的输入层含 1 个节点，输出层含 1 个节点。另外，隐含层节点数非常重要，隐含层节点数的多少会直接影响结果的好坏。因为没有很好的解析式来表达，所以对于隐节点数目的选择是一个十分复杂的问题，隐节点数目与问题的要求、输入输出单元的多少都有直接关系，隐节点数目太少可能使网络容错性差，达不到训练要求，隐节点数目太多又使学习时间过长，误差也不一定最佳。试验中分别取节点数为 3、6、10、12 试运行，最后确定节点数为 6。学习率取 0.05，均方差取 0.001，动量因子取 0.9。改进 BP 网络结构如表 4.7 所示。

表 4.7 改进 BP 网络结构

网络结构	各层神经元节点数目	作用函数
输入层	1	线性
隐含层	6	S 型函数
输出层	1	线性

4.4.3.3 损伤程度识别的结果

图 4.12 为改进 BP 神经网络训练完成时形成的曲线，表 4.8 给出了基于改进 BP 网络的损伤程度识别结果。从表 4.8 中数据可以看出，改进 BP 网络的识别结果是令人满意的，除了实际结构

损伤程度为 20%和 40%时，网络的损伤识别输出误差较大外，其余均未超过 1%。究其原因：一是样本集中加入测试噪声；二是损伤程度本来就不在训练的样本集中，网络靠内插运算来识别，也难免会出现误差。

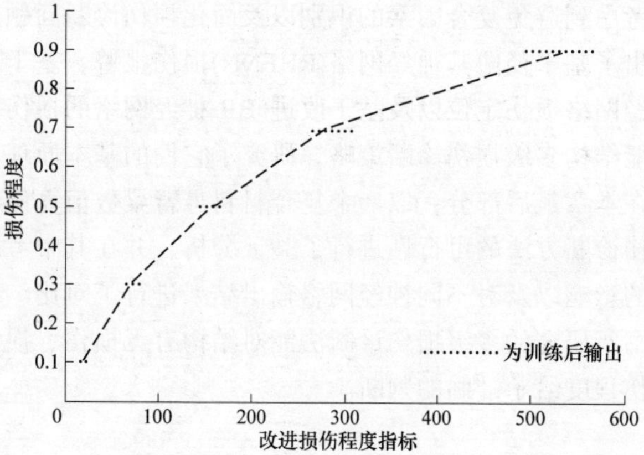

图 4.12　网络训练完成时近似曲线

表 4.8　损伤程度识别的结果

损伤单元	第 1 阶 ω_1	第 2 阶 ω_2	第 3 阶 ω_3	第 4 阶 ω_4	第 5 阶 ω_5	实际损伤大小 d_0(%)	网络识别大小 d_1(%)	识别绝对误差 $\|d_0-d_1\|$(%)
单元 6	48.919	308.78	855.97	1 678.2	2 781.9	20	21.52	1.52
	48.589	308.49	850.4	1 671	2 781	30	29.96	0.04
	48.159	308.12	843.34	1 662.2	2 779.7	40	42.13	2.13
	45.448	305.82	803.42	1 617.5	2 770.9	70	70.12	0.12

4.5　本章小结

鉴于基于模态分析技术的损伤诊断法存在计算量大的数学反

演问题以及由于随机因素、模糊因素和信息不完备等因素的影响而造成实测数据不准、存在误差等问题，本章研究了将模态分析技术与神经网络有机地综合起来的智能损伤诊断方法，为基于FBG智能结构的损伤诊断与健康监测指出了一条新的技术路线。研究中考虑到避免复合因素的识别以及简化损伤诊断问题的复杂性，提出了基于径向基神经网络(RBFNN)损伤报警、基于自适应概率神经网络损伤定位以及基于改进 BP 神经网络的损伤程度识别的智能结构多级损伤诊断策略，研究了它们的基本原理与技术实现。在本章最后部分，以一个复合材料悬臂梁数值算例对上述多级损伤诊断方法的可行性进行了验证分析，并在其中考虑了测试噪声的影响以及对不同神经网络输出结果进行了对比。结果表明，本书所研究的多级损伤诊断法能对结构有无损伤、损伤位置以及损伤程度给予准确的判断。

第 5 章　钢尺悬臂梁试验研究

5.1　引　言

在第 4 章本书对基于神经网络的智能结构多级损伤诊断方法进行了研究，具体研究内容包括基于径向基神经网络(RBFNN)的损伤报警、基于自适应概率神经网络的损伤定位、基于改进 BP 神经网络的结构损伤程度识别等 3 个方面，研究了它们的基本原理、技术的实现方法。采用复合材料悬臂梁算例对上述智能诊断方法的可行性进行了详细的仿真研究，并在研究中考虑不同噪声水平的测试误差影响，仿真研究结果表明用该方法进行损伤报警、损伤定位及损伤程度识别是可行有效的。在本章里，将从试验的角度对基于神经网络的智能结构多级损伤诊断方法的可行性进行分析研究。

在基于神经网络的智能结构多级损伤诊断方法中，以第二阶段的损伤位置确定和第三阶段的损伤程度识别较为重要，因此试验研究主要是对损伤位置和损伤程度进行识别。试验是以钢尺悬臂梁为试验对象，采用激振器进行正弦扫频激振，由加速度传感器获得结构共振频率，然后以共振频率进行单频激振，由粘贴在钢尺表面的应变计组采集获得应变模态矢量[197]。根据这些参数计算得到本书所建议的“组合损伤指标”以及“改进损伤程度识别指标”，并分别输入到自适应 PNN 损伤定位网络模型和改进 BP 神经网络的损伤程度识别网络模型中进行损伤位置和损伤程度识别，试验结果表明本书研究的基于神经网络的智能结构多级损伤诊断方法能对结构损伤进行准确的识别。

5.2 试验概况

振动试验监测系统是由信号发生器、数据采集仪、信号放大器、加速度传感器、应变传感器、计算机处理系统、结构试验件以及振动试验台等组成，如图 5.1 所示。该系统的基本工作原理是利用计算机控制振动试验台进行正弦扫频激振和单频激振，由结构试验件自由端的加速度传感器以及粘贴在试验件表面的应变传感器组来获取结构试验件的共振频率与应变模态，从而利用这些参数计算表征结构的损伤状况的敏感指标。

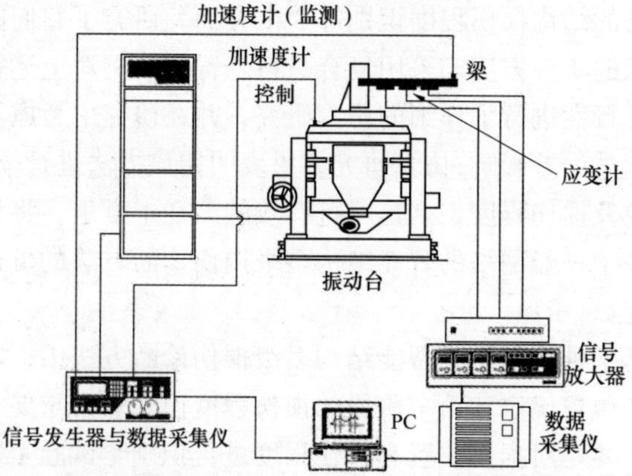

图 5.1　振动试验监测系统示意图

结构试验件采用钢尺悬臂梁，悬臂梁的几何尺寸为 450 mm × 40 mm × 3 mm，弹性模量 E=207 Gpa，密度ρ=7.85 g/cm^3，泊松比μ=0.33。在钢尺悬臂梁自由端安置一个加速度传感器用于摄取加速度响应信号，从而测得结构的共振频率；另外,在钢尺悬臂梁的表面沿纵向中心线位置粘贴一组应变传感器,用于采集应变模态，图 5.2 是粘贴有应变传感器的钢尺悬臂梁实物图。

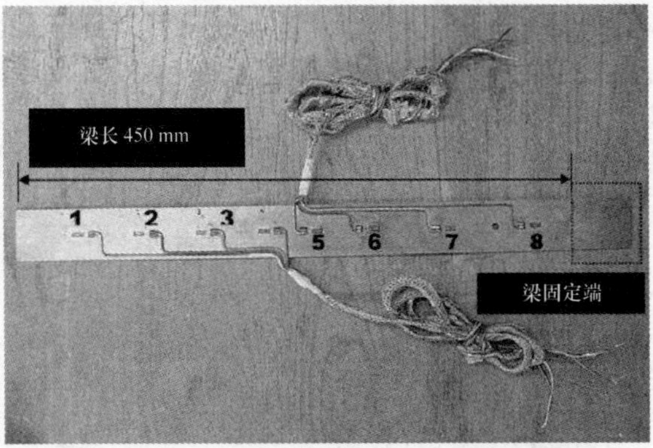

图 5.2　粘贴有应变传感器的钢尺悬臂梁实物图

试验有两根相同的钢尺悬臂梁，其中一根悬臂梁是有损伤的，损伤是通过减小悬臂梁单元 21 的厚度 2 mm(减少约 66.7%)来模拟的，关于悬臂梁单元划分以及粘贴在钢尺悬臂梁表面的应变传感器位置如图 5.3 所示，每个划分的单元大小为 10 mm × 40 mm×3 mm。

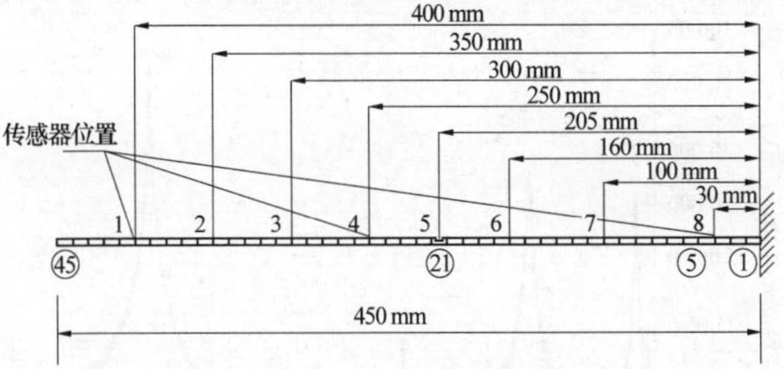

图 5.3　单元划分以及应变传感器位置示意图

试验分两个阶段进行，第一阶段进行正弦扫频激励，以测取钢尺悬臂梁前 3 阶共振频率;第二阶段以共振频率进行单频激励，利用应变传感器组采集获得应变模态。在第一阶段，信号发生器产生正弦信号进行扫频激励，扫描频率范围为 3 ~ 253 Hz，每次扫描频率增加 0.5 Hz，在整个扫频过程中激励力的大小由安置在振动试验台上的加速度传感器控制在 0.5 g。钢尺悬臂梁响应信号由安置在梁自由端的加速度传感器采集获得，图 5.4(a)、(b)分别为无损梁和有损梁随频率变化的加速度响应幅值图，表 5.1 给出了无损梁和有损梁的前 3 阶共振频率。

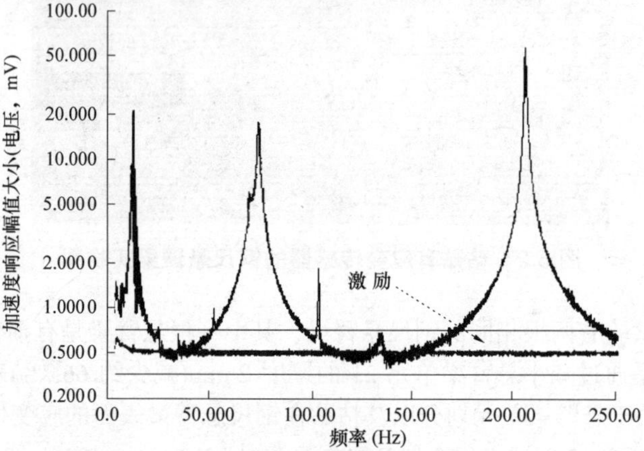

(a)无损梁

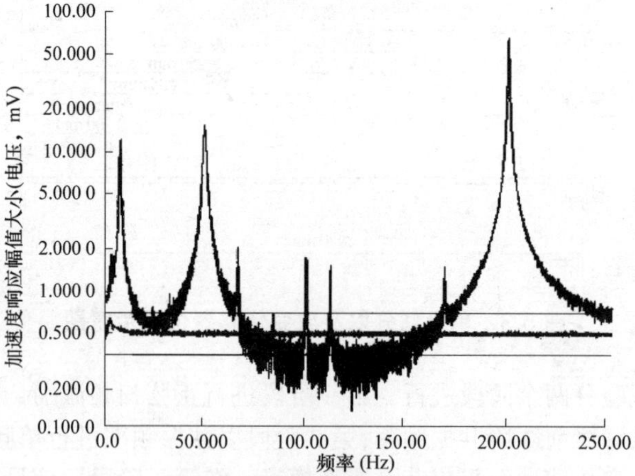

(b)有损梁

图 5.4　钢尺悬臂梁频率响应图

表 5.1　悬臂梁前 3 阶共振频率

试验件	试验结果		
	第 1 阶(Hz)	第 2 阶(Hz)	第 3 阶(Hz)
无损梁	11.8	73.1	205.6
有损梁	9.2	50.5	200.8

在第一阶段测得钢尺悬臂梁前 3 阶共振频率后，进入第 2 阶段的单频激振。以第 1 阶共振频率对钢尺悬臂梁进行单频激振，利用应变传感器组采集得到离散的应变模态矢量，采样频率为 800 Hz，采集时间为 5 s，每个应变传感器共采集 4 000 个点数据，图 5.5、图 5.6 分别为无损梁和有损梁的 8 个应变传感器组应变输出。图 5.7(a)、(b)分别是根据图 5.5、图 5.6 得到的无损梁和有损梁的应变模态图。

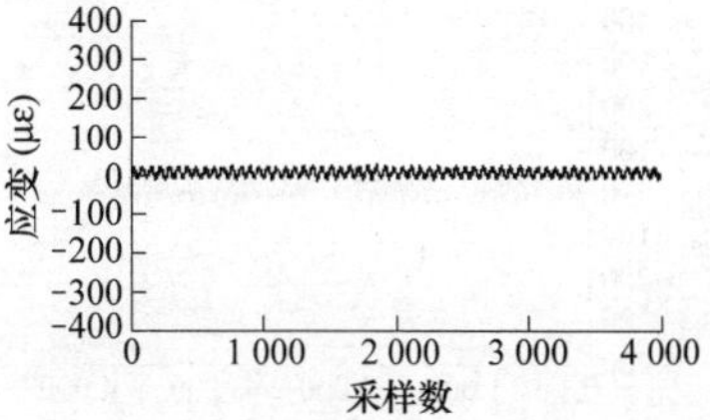

(a)应变传感器 1

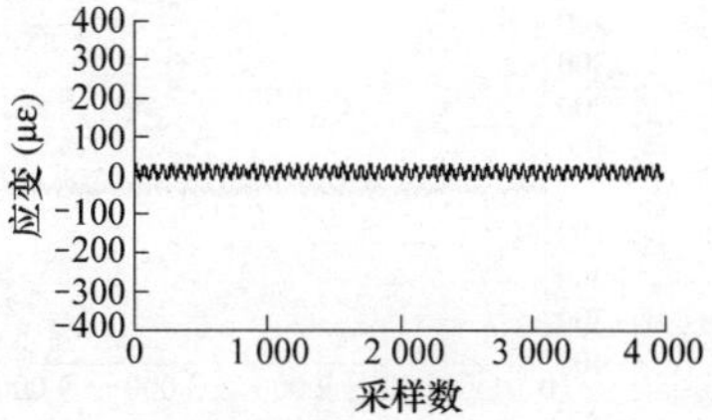

(b)应变传感器 2

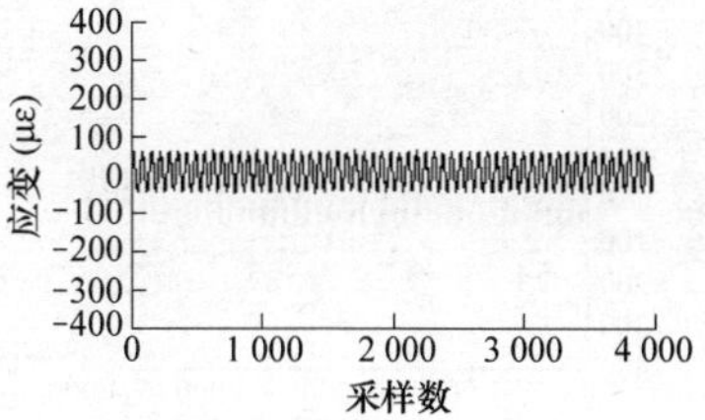

(c)应变传感器 3

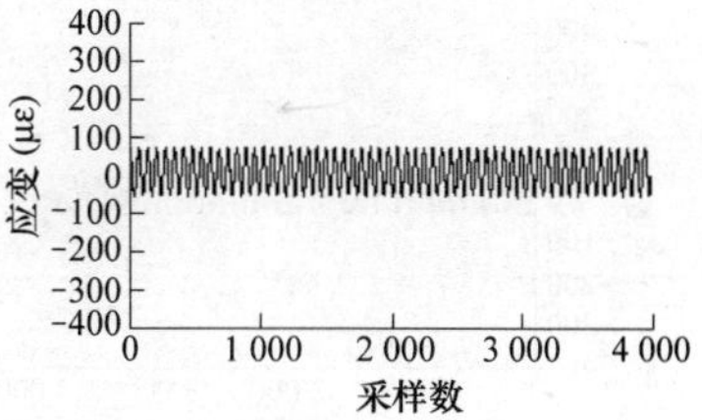

(d)应变传感器 4

图 5.5　无损梁的 8 个应变传感器应变输出

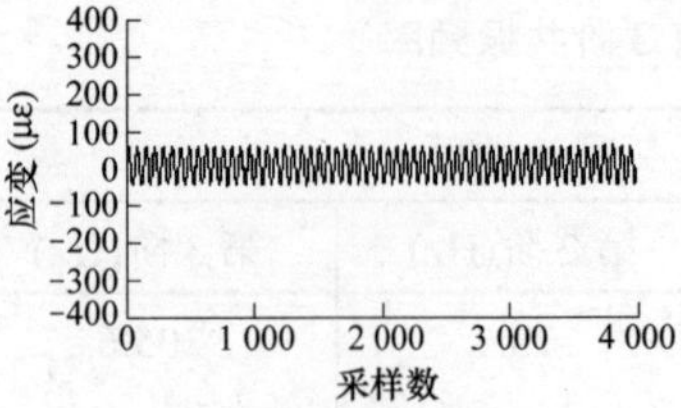

(e)应变传感器 5

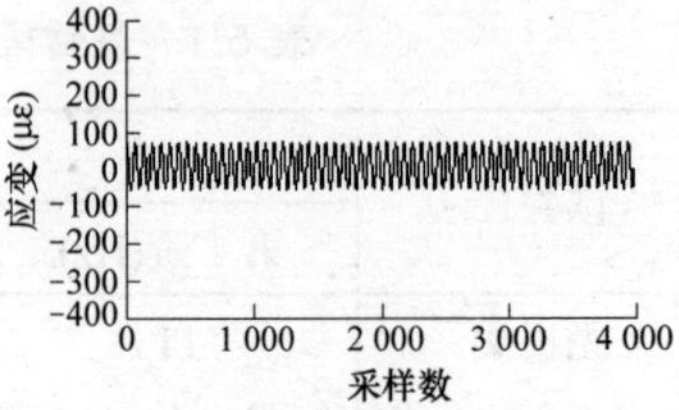

(f)应变传感器 6

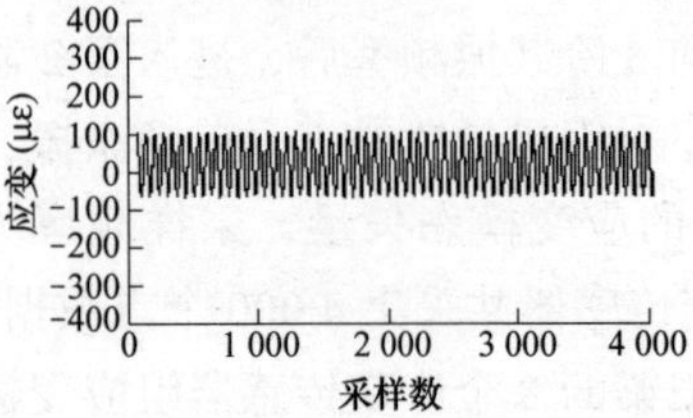

(g)应变传感器 7

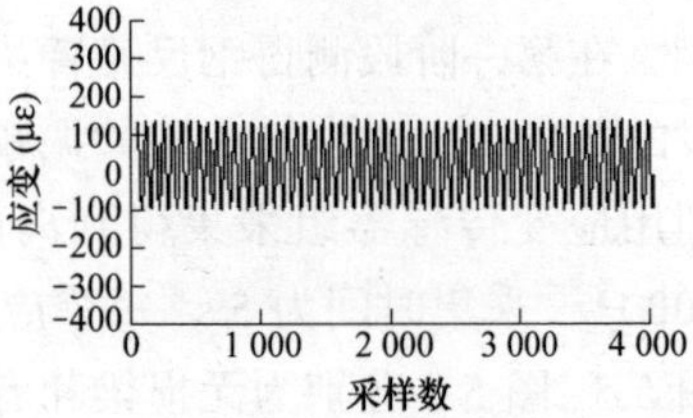

(h)应变传感器 8

续图 5.5

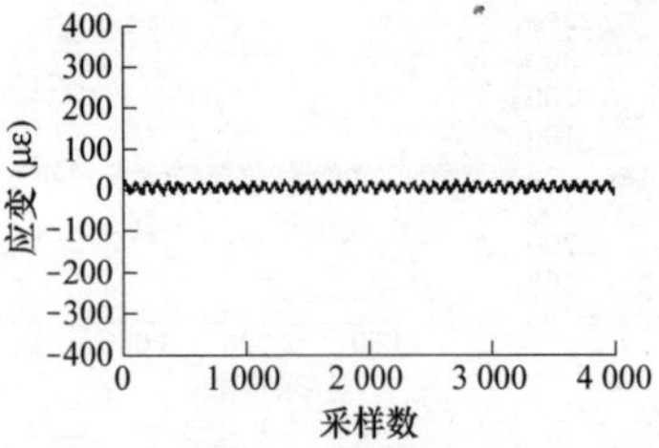

(a)应变传感器 1

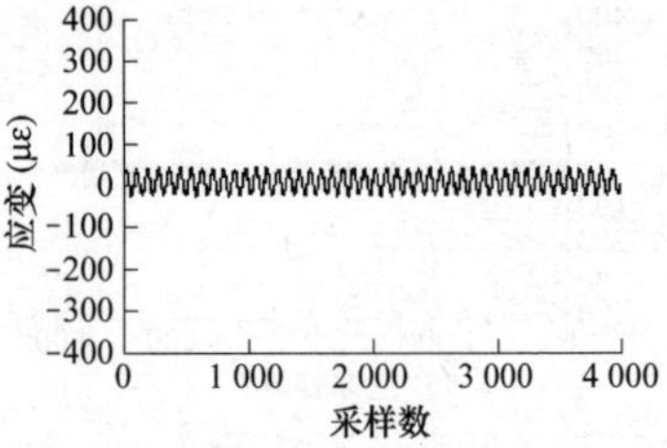

(b)应变传感器 2

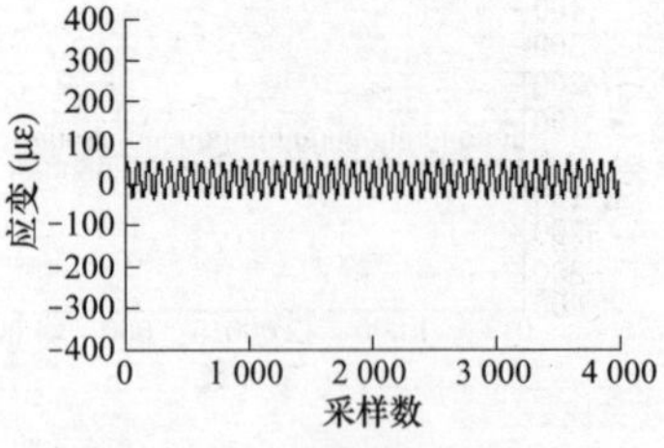

(c)应变传感器 3

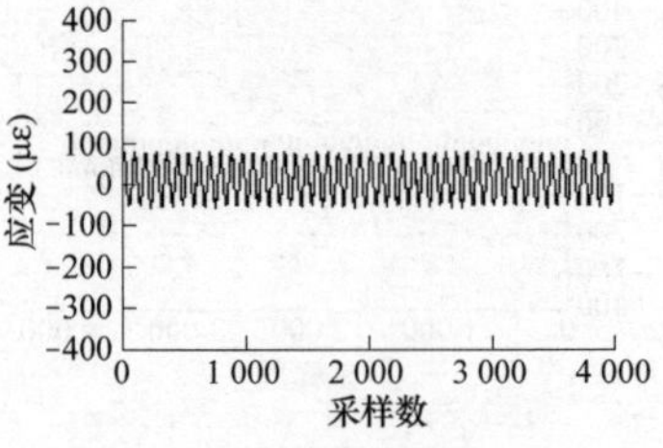

(d)应变传感器 4

图 5.6　有损梁的 8 个应变传感器应变输出

(e)应变传感器 5

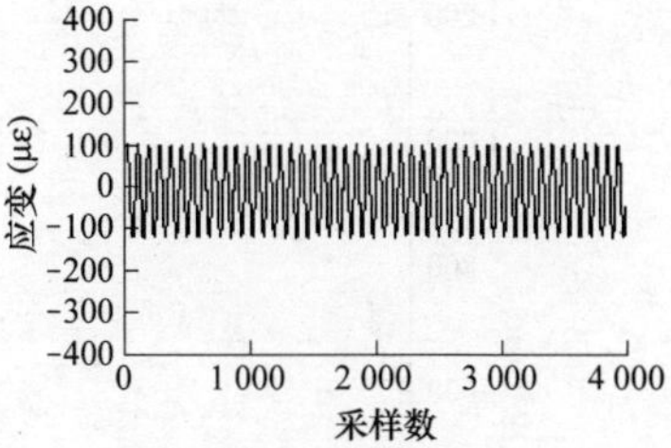

(f)应变传感器 6

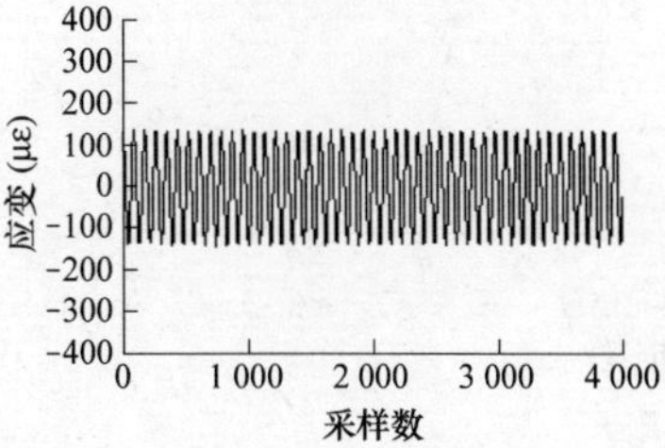

(g)应变传感器 7

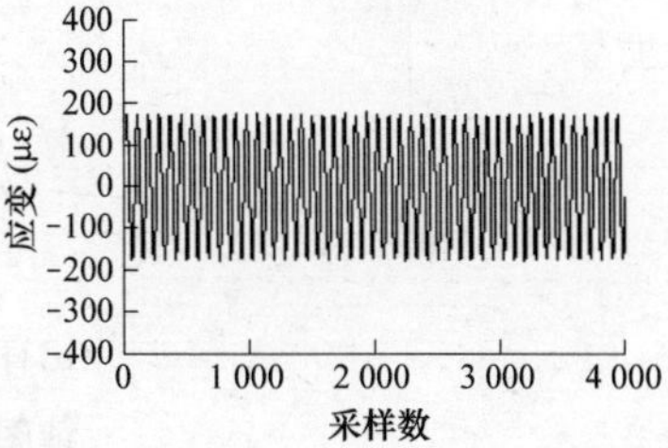

(h)应变传感器 8

续图 5.6

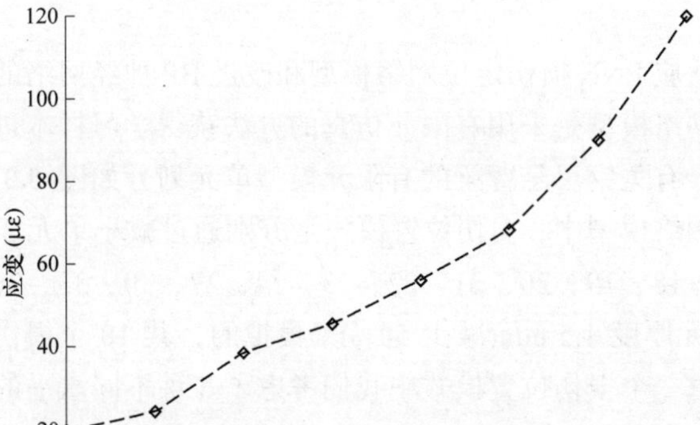

(a)无损梁

图 5.7　无损梁和有损梁的应变模态图

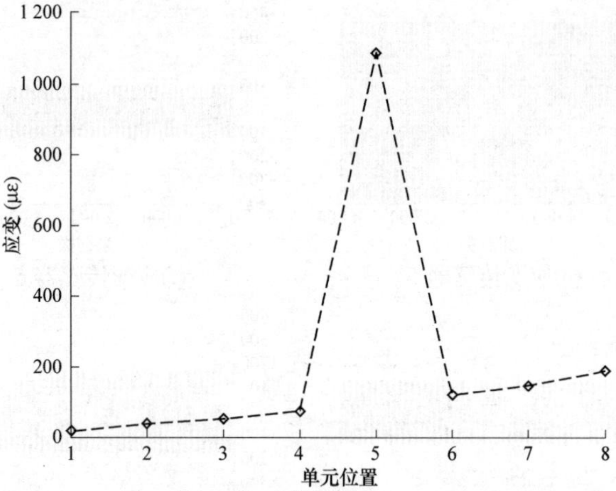

(b)有损梁

续图 5.7

5.3 网络识别结果

自适应 PNN 损伤定位网络模型和改进 BP 神经网络的损伤程度识别网络模型是采用有限元仿真的方法获得学习样本进行训练完成的，有关钢尺悬臂梁的有限元模型单元划分如图 5.3 所示。在定位网络模型中，损伤位置模式是分别通过减小单元 3、6、9、12、15、18、19、20、21、22、23、24、27、30、33、36、39、42 的单元厚度 1.5 mm(减少 50%)来模拟的，共 18 个损伤位置模式。在每一个损伤位置模式中我们考虑了 3 种不同水平的测试噪声影响，分别为 1%、2%、3%，每一种噪声水平考虑 200 组样本，18 个损伤位置模式共有 3 600 组学习样本。在损伤程度识别网络模型中，损伤程度模式是分别通过减小单元 21 的厚度 0.3 mm、0.6 mm、0.9 mm、1.2 mm、1.5 mm、1.8 mm、2.1 mm、2.4 mm、2.7 mm 来模拟的，共 9 个损伤程度模式，并在损伤程度模式中加入水平为 1%测试噪声，每一个损伤程度模式考虑 200 组学习样本，9 个损伤程度模式共有 1 800 组学习样本。利用以上学习样本对网络进行学习训练可得到基于本问题的损伤定位网络模型和损伤程度识别网络模型。

根据第 5.2 节试验得到的原始参数，采用本书所建议的方法计算“组合损伤指标”和改进损伤程度识别指标，计算结果如表 5.2 和图 5.8 所示。表 5.2 列出了改进损伤程度识别指标和“组合损伤指标”中的悬臂梁前 3 阶改进损伤定位指标，图 5.8 是“组合损伤指标”中的标准化应变模态差指标。

表 5.2　悬臂梁前 3 阶改进损伤指标

项目	第 1 阶	第 2 阶	第 3 阶
改进损伤定位指标	0.053 4	0.756 8	0.189 8
改进损伤程度识别指标	1.600 8	22.705 0	5.694 1

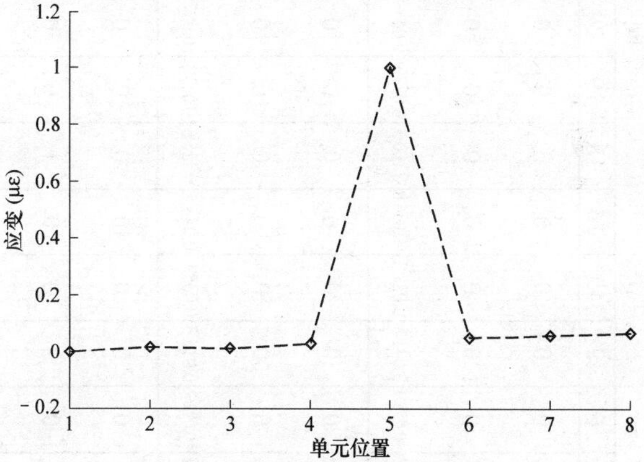

图 5.8　标准化应变模态差指标

我们将计算得到的“组合损伤指标”输入到自适应 PNN 损伤定位网络模型中，网络识别结果如表 5.3 所示。为进行比较，表

表 5.3　网络识别结果

ε	网络输出																		
	单元号	3	6	9	12	15	18	19	20	21	22	23	24	27	30	33	36	39	42
1%	自适应PNN	0	0	0	0	0	0	0	0	1	0	0	0	0	0	0	0	0	0
	传统PNN	0	0	0	0	0	0	0	0	1	0	0	0	0	0	0	0	0	0
	BP网络	0.075 2	−0.058 4	0.041 3	0.027 1	−0.034 8	0.100 3	0.077 9	0.063 5	0.358 3	0.094	0.161 8	0.056 1	0.030 7	−0.026 9	0.015 2	0.009 7	0.024 3	0.004 6
2%	自适应PNN	0	0	0	0	0	0	0	0	1	0	0	0	0	0	0	0	0	0
	传统PNN	0	0	0	0	0	0	0	0	1	0	0	0	0	0	0	0	0	0
	BP网络	0.046 7	−0.092 2	0.015 3	0.005 9	0.048 5	0.125 6	0.023 1	0.007	0.236 6	0.068 4	0.281 5	0.062 8	0.089 6	−0.083 5	0.071 3	0.056 1	−0.015 9	0.067 2
3%	自适应PNN	0	0	0	0	0	0	0	0	1	0	0	0	0	0	0	0	0	0
	传统PNN	0	0	0	0	0	1	0	0	0	0	0	0	0	0	0	0	0	0
	BP网络	0.003 9	−0.072 7	0.061 2	−0.010 6	0.024 8	0.149 5	0.075 2	0.046 1	0.172 3	0.104 9	0.228 5	0.073 9	0.045	−0.069 4	0.047 7	0.013 6	0.067	0.049 1

中给出了传统 PNN 和 BP 网络识别结果，从表中可以看出：自适应 PNN 识别结果明显优于 BP 网络，也优于传统 PNN。在 3 种测试噪声水平下，自适应 PNN 都能准确地识别出损伤位置；而 BP 网络在测试噪声水平为 2%与 3%时，根据网络输出结果已不能识别出损伤位置；传统 PNN 识别结果准确度介于前两者之间，在噪声水平为 1%与 2%时，网络能准确识别出损伤位置单元 21，当噪声水平为 3%时，网络指示损伤位置是单元 18。总之，试验结果与第 4 章仿真试验结果较为一致。

表 5.2 给出了钢尺悬臂梁前 3 阶的损伤程度识别指标，我们选其中第 1 阶损伤程度识别指标输入到改进 BP 神经网络的损伤程度识别网络模型中，网络识别结果如图 5.9 所示。图中两边虚线表示对目标值中线偏离 10%。由图可知，损伤程度预测值为 0.731，而实际损伤程度为 0.667，试验识别误差为 6.4%，结果较为理想。不过，与第 4 章损伤程度识别的仿真结果相比，本章试验损伤程度识别的预测值误差较偏大，主要原因是由于建模误差和网络内插所致，可进一步通过模型修正提高建模精度以及改善网络内插性能来减小识别误差。

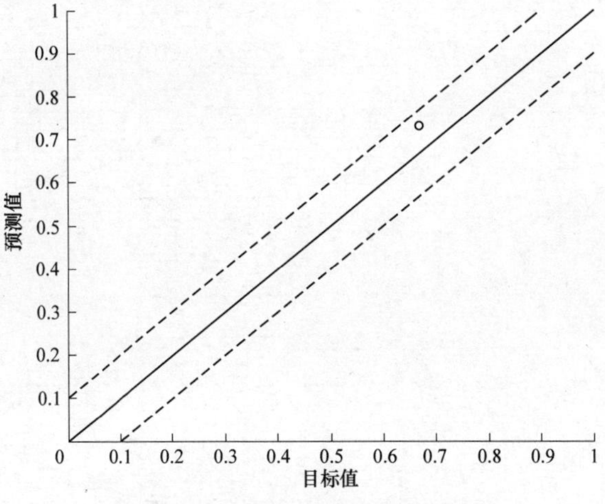

图 5.9　损伤程度识别结果

5.4 本章小结

本章从试验的角度对基于神经网络的智能结构多级损伤诊断方法的可行性进行了分析研究。在本书的多级损伤诊断方法中，以第二阶段的损伤定位和第三阶段的损伤程度识别较为重要，试验主要是对损伤位置和损伤程度进行研究。首先，我们对试验的概况进行了介绍，然后利用本书前述的方法计算“组合损伤指标”和改进损伤程度识别指标，并分别输入到自适应 PNN 损伤定位网络模型和改进 BP 神经网络的损伤程度识别网络模型中进行损伤位置和损伤程度识别，网络输出结果表明，本章试验结果与第 4 章仿真试验结果较为一致，在识别精度上较仿真结果偏小，这主要是由模型误差所致。总之，不论是仿真试验还是本章试验结果都表明，本书所研究的基于神经网络的智能结构多级损伤诊断方法能对结构损伤进行较为准确的识别。

第 6 章　FBG 传感器的优化配置研究

6.1　引　言

前面我们对基于神经网络、模态频率及应变模态技术的结构损伤诊断进行了研究，在实际结构损伤诊断时，模态频率和应变模态是通过模态试验分析获得的。进行模态试验的第一步就是获得被测结构激励和响应的时域信号，这就要求首先确定响应测试点的位置。由于大型工程结构的可测自由度较多，而试验中所布置的测点数要远小于结构的自由度数，不可能获得全部自由度上的响应信息，需要对有限的传感器进行优化配置，要进行传感器的优化配置，首先要确定合理的、能反映测试要求的优化配置准则。不适当的传感器配置将影响识别参数的精度，而且传感器本身需要一定的成本，与其配套使用的数据采集和处理设备的代价也都较高。从经济方面考虑，希望采用尽可能少的传感器。因此，确定传感器配置的最优位置，具有重要的实用价值。

最为人们熟悉的优化配置准则是 Kammer 提出的有效独立算法(Effective Independence Algorithm)[198]，该法采用 Fisher 信息阵使感兴趣的模态向量尽可能线性无关，从而在试验数据中采集到最大的模态反应信息；Guyan 模型缩减法也是一种常用的测点选择方法[199]，通过刚度(静力缩减)或质量(动力缩减)子矩阵构成的转换矩阵，可以把那些对模态反应起主要作用的自由度保留下来作为测点的位置。如果选择恰当，静力缩减将能较好地保存低阶振型，而动力缩减则将可以较好地保存高阶振型。Came 等[200]认为选择的测点位置应使所有模态向量的内积具有较小的余弦值。

M.L.Wang 等认为使测取的运动能最优化(Kinetic Energy Optimization)是选择传感器的一种良好手段。清华大学在利用遗传算法寻找加速度传感器最优布点中，把测取的变形能最大作为遗传进化的适应度(Fitness)[201]。这些基于运动能最优化的思路事实上都起到了使测点远离各振型节点的作用。

我们注意到，以上传感器优化配置准则，是以位移模态为目标对传感器的位置进行优化的配置准则，适用于位移传感器以及加速度传感器的位置优化。而本书所研究的基于 FBG 智能结构损伤诊断所用的 FBG 传感器测量的是应变(应变模态)，由于应变(应变模态)与位移(位移模态)在空间坐标上的大小不存在一致对应关系，所以上述优化准则并不适用于 FBG 应变传感器位置的优化，并且至今尚未有关于应变传感器位置优化的相关研究。目前国内结构损伤诊断与健康监测所用的应变传感器布设多采用传统的经验方法。其次，传感器的优化配置还必须选用适当的优化方法。非线性规划法、序列法和推断算法等是较常用的解决组合问题的优化方法，但都容易陷入局部最优解，而目前发展起来的遗传算法(Genetic Algorithm，GA)则是基于概率的方法[202]，不易陷入局部最优解。为此，本章针对基于 FBG 智能结构损伤诊断的传感器优化配置问题，首先提出了基于应变模态保证准则(Strain Modal Assurance Criterion，SMAC)的应变传感器优化配置准则，并研究利用应变模态矩阵信息阵初步拟定出一小组传感器位置，然后采用改进遗传算法对剩余的传感器的位置进行组合优化。

6.2　基于 SMAC 的应变传感器优化配置准则

6.2.1　应变模态保证准则 SMAC

由第 3 章，我们知道了应变模态具有正交性。因此，类似于模态保证准则的定义，本书在此提出了应变模态保证准则定义。

6.2.1.1　模态保证准则 MAC

由结构动力学原理可知，结构各固有振型在节点上的值形成了一组正交向量。根据它们的正交性定义，***MAC*** 矩阵可以表示为

$$\boldsymbol{MAC}(i,j)=\frac{(\varphi_i^{\mathrm{T}}\varphi_j)^2}{(\varphi_i^{\mathrm{T}}\varphi_i)(\varphi_j^{\mathrm{T}}\varphi_j)} \tag{6.1}$$

式中：$\boldsymbol{MAC}(i,j)$ 表示 ***MAC*** 矩阵中的 i、j 元；φ 表示模态振型矢量，上标 T 表示转置，下标 i、j 分别表示第 i 阶、j 阶模态。

6.2.1.2　应变模态保证准则 SMAC

与 ***MAC*** 矩阵的定义类似，***SMAC*** 矩阵可以表示为

$$\boldsymbol{SMAC}(i,j)=\frac{(\psi_i^{\mathrm{T}}\psi_j)^2}{(\psi_i^{\mathrm{T}}\psi_i)(\psi_j^{\mathrm{T}}\psi_j)} \tag{6.2}$$

式中：$\boldsymbol{SMAC}(i,j)$ 表示 ***SMAC*** 矩阵中的 i、j 元；ψ 表示应变模态矢量，上标 T 表示转置，下标 i、j 分别表示第 i 阶、j 阶应变模态。

6.2.2　基于 SMAC 的应变传感器优化配置准则

在试验中，由于量测自由度远小于结构模型的自由度并且受到测试精度和测量噪声的影响，测得的应变模态向量已不可能保证其正交性。在极端的情况下甚至会由于向量间的空间交角过小而丢失重要的应变模态。因此，在选择传感器测点时有必要使量测的应变模态向量保持较大的空间交角，从而尽可能地把原来模型的特性保留下来。基于这一思想，本书提出了基于 SMAC 的应变传感器位置优化配置准则。

SMAC 矩阵定义如式(6.2)，由式中可以看出，***SMAC*** 矩阵表达的是应变模态矩阵列空间的度量特性，***SMAC*** 矩阵的非对角元 $\boldsymbol{SMAC}(i,j)\ (i\neq j)$ 代表了相应两模态向量的交角状况。换句话说，

当式中 $\boldsymbol{SMAC}(i,j)$ $(i \neq j)$ 等于 1 时表明了第 i 向量与第 j 向量交角为 0，两向量不可分辨；而当 $\boldsymbol{SMAC}(i,j)$ $(i \neq j)$ 等于 0 时，则表明第 i 向量与第 j 向量相互正交，两向量可以轻易识别。故传感器测点的布置应力求使 **SMAC** 非对角元向最小化发展。

根据这个思路，凭计算模型的应变模态初步拟定出一小组测点自由度，初步的选择越好，后面的计算工作就越小。一小组测点自由度确定下来后，可采用改进遗传算法从剩余可选取的模型自由度中选择测点来减小 **SMAC** 矩阵的非对角元。

6.3 传感器位置的初步配置

由第 3 章可知，应变模态具有叠加原理，系统的响应可以表示为

$$\{\varepsilon\} = \sum_{l=1}^{m} \psi_l q_l = \boldsymbol{\varPsi}\{q\} \tag{6.3}$$

式中：$\{\varepsilon\}$ 为应变物理坐标，$\{\varepsilon\} \in R^{n \times l}$，$n$ 为结构自由度数；m 为所需识别的应变模态个数；$\psi_l \in R^{n \times l}$ 为第 l 阶应变模态向量；$\boldsymbol{\varPsi} \in R^{n \times m}$ 为应变模态向量矩阵；q_l 为第 l 阶应变模态坐标；$\{q\} \in R^{m \times l}$。

式(6.3)的最小二乘解为

$$\{\overline{q}\} = [\boldsymbol{\varPsi}^{\mathrm{T}}\boldsymbol{\varPsi}]^{-1}\boldsymbol{\varPsi}^{\mathrm{T}}\{\varepsilon\} \tag{6.4}$$

如果考虑测量噪声，式(6.3)应改写为

$$\{\varepsilon\} = \boldsymbol{\varPsi}\{q\} + \{u\}$$

式中：u 代表方差为 σ^2 的高斯分布白噪声，这里假设测量噪声相互独立并且对各个传感器测量信号的统计特性相同，则 $\{\overline{q}\}$ 与 $\{q\}$ 的协方差为

$$W = E[(\{q\} - \{\overline{q}\})(\{q\} - \{\overline{q}\})^{\mathrm{T}}] = \left[\sigma^2 \boldsymbol{\Psi}^{\mathrm{T}} \boldsymbol{\Psi}\right]^{-1} = \frac{1}{\sigma^2} \boldsymbol{Q}^{-1} \tag{6.5}$$

式中：$\boldsymbol{Q}$ 称为 Fisher 信息矩阵。当 $\boldsymbol{Q}$ 取极大值时，协方差[$\boldsymbol{W}$]最小，结构应变模态坐标就能够获得最佳的无偏估计。所以必须使 $\boldsymbol{Q}$ 的某一种范数最大，这里选取常用的 2–范数 $\|\boldsymbol{Q}\|_2$。由于

$$\boldsymbol{Q} = \boldsymbol{\Psi}^{\mathrm{T}} \boldsymbol{\Psi} \tag{6.6}$$

由式(6.6)可知，矩阵 $\boldsymbol{Q}$ 是由结构所有自由度的应变模态信息组合而成的，所以有

$$\boldsymbol{Q} = \sum_{k=1}^{n} \boldsymbol{Q}^k = \sum_{k=1}^{n} \boldsymbol{\Psi}_k^{\mathrm{T}} \boldsymbol{\Psi}_k \tag{6.7}$$

式中：$\boldsymbol{\Psi}_k$ 表示矩阵 $\boldsymbol{\Psi}$ 的第 k 行，对应结构第 k 个测点自由度的应变模态信息。对于矩阵 $\boldsymbol{Q}$ 来说，其 2–范数 $\|\boldsymbol{Q}\|_2$ 为

$$\|\boldsymbol{Q}\|_2 = \|\sum_{k=1}^{n} \boldsymbol{\Psi}_k^{\mathrm{T}} \boldsymbol{\Psi}_k\|_2 \leqslant \sum_{k=1}^{n} \|\boldsymbol{\Psi}_k^{\mathrm{T}} \boldsymbol{\Psi}_k\|_2 \tag{6.8}$$

结构每一个测点自由度应变模态信息对其 2–范数贡献是各不相同，如果某一自由度对矩阵 $\boldsymbol{Q}$ 的 2–范数贡献较小，该自由度即可从所有测点自由度列阵中移去，依此方法即可得到优化后的结构初步传感器布置的位置。例如，拟初步选择 m 个传感器优化布置的测点(传感器布置总数目为 s 个，$m < s$)，只要取式(6.8)右边项中各个测点自由度的 2–范数前 m 项较大的测点自由度即可，对剩下的 $s-m$ 个传感器位置配置采用改进遗传算法进行优化选择。

6.4 应变传感器位置优化的遗传算法

传感器位置优化配置问题，从计算方法上讲是一个背包问题，它具备背包问题的典型特征，即：有 n 个输入和一组约束条件；

满足约束条件的任一输入的子集都是可行解，要在可行解集中找出最优解。背包问题是一个 *NP* 完全问题，其运算量随问题的增长呈指数增加，在问题规模很大时，根本不可能求出最优解，只能通过近似算法尽可能地求出满意解，在众多的近似算法中，遗传算法是解决背包问题的一个较好算法。

6.4.1 遗传算法(Genetic Algorithm，GA)简介

最优化技术在国民经济的各个领域里获得了广泛的应用。近年来，以遗传算法(Genetic Algorithm，GA)、模拟退火、禁忌搜索以及人工神经网络为代表的智能化优化技术发展迅速，受到了人们的普遍关注。其中，遗传算法以其优良的计算性能和显著的应用效果而特别引人注目。遗传算法是模拟自然界生物的自然选择和遗传进化机制，用于求解极值问题的一类自组织、自适应的人工智能技术，它最早由美国密执安大学的 Holland 教授提出，起源于 20 世纪 60 年代对自然和人工自适应系统的研究[203]。它将生物进化的原理与最优化技术和计算机技术结合起来，创造了一种全新的优化方法。

6.4.1.1 遗传算法的基本思想

生命的自然演化过程是进化过程，这种进化过程发生在染色体上。自然选择使适应度好的染色体比那些适应度差的染色体有更多的繁殖机会；变异可以使子代染色体不同于父代染色体；通过两个父代染色体的组合与重组可以产生全新的染色体。遗传算法作为一种模拟生命演化的仿生算法，其基本思想就是这些概念在数学上的具体实现。首先，随机产生一些个体组成初始群体，即问题的一群候选解，按预先根据优化的目标函数确定适应度函数，计算各个体适应度，根据个体的适应度对其染色体进行选择，抑制适应度低的染色体，弘扬适应度高的染色体，然后进行交叉变异等遗传操作，产生进化了的一代群体。如此反复，不断向更

优解方向进化，最后得到满足某种终止条件的最适应问题环境的群体，从而获得问题的最优解。

图 6.1 表示了基本遗传算法的过程。

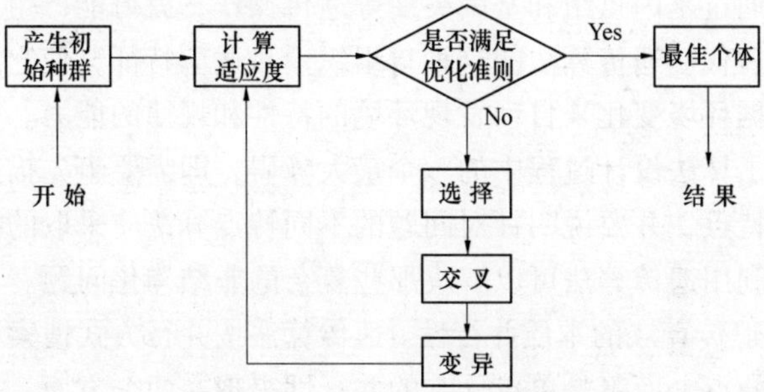

图 6.1　遗传算法的流程图

遗传算法是一种群体性操作，该操作以群体中的所有个体为对象。选择(Selection)、交叉(Crossover)、变异(Mutation)是遗传算法的 3 个主要遗传算子，它们构成了所谓的遗传操作，使遗传算法具有了其他传统方法所没有的特性。遗传算法中包含了 5 个基本要素：参数编码、初始种群的设定、适应度函数的设计、遗传操作设计和控制参数设定(主要是指群体的大小和使用遗传操作的概率等)，这 5 个要素构成了遗传算法的核心内容。

目前，尽管遗传算法的理论还不成熟，仍处于发展阶段，但相比于遗传算法问世之初，遗传算法在应用、算法设计及基础理论等方面均取得了长足的发展，已成为信息科学、计算机科学、运筹学和应用数学等诸多学科所共同关注的热点研究领域。

6.4.1.2　遗传算法的特点

遗传算法是一类可用于复杂系统优化计算的鲁棒搜索算法，与其他一些传统优化算法相比，主要有下述几个特点[204]。

(1)自组织、自适应和自学习性(智能性)。应用遗传算法求解问题时，在编码方案、适应度函数及遗传算子确定后，算法将利用进化过程中获得的信息自行组织搜索。由于基于自然的选择策略为“适者生存，不适者被淘汰”，因而适应度大的个体具有较高的生存概率。通常，适应度大的个体具有更适应环境的基因结构，再通过基因重组和基因突变等遗传操作，就可能产生更适应环境的后代。遗传算法的这种自组织、自适应特征，使它同时具有能根据环境变化来自动发现环境的特性和规律的能力。自然选择消除了算法设计过程中的一个最大障碍，即需要事先描述问题的全部特点，并要说明针对问题的不同特点算法应采取的措施。因此，利用遗传算法可以解决那些复杂的非结构化问题。

(2)遗传算法的本质并行性。遗传算法按并行方式搜索一个种群数目的点，而不是单点。它的并行性表现在两个方面，一是遗传算法是内在并行的(Inherent Parallelism)，即遗传算法本身非常适合大规模并行。最简单的并行方式足让几百台甚至数千台计算机各自进行独立种群的演化计算，运行过程中甚至不进行任何通信(独立的种群之间若有少量的通信一般会带来更好的结果)，等到运算结束时才通信比较，选取最佳个体。这种并行处理方式对并行系统结构没有什么限制和要求，可以说，遗传算法适合在目前所有的并行机或分布式系统上进行并行处理，而且对并行效率没有太大影响。二是遗传算法的内含并行性(Implicit Parallelism)。由于遗传算法采用种群的方式组织搜索，因而可同时搜索解空间内的多个区域，并相互交流信息。使用这种搜索方式，虽然每次只执行与种群规模 n 成比例的计算，但实质上已进行了大约 $O(n^3)$ 次有效搜索，这就使遗传算法能以较少的计算获得较大的收益。

(3)遗传算法强调概率转换规则，而不是确定的转换规则。很多传统的优化算法往往使用的是确定性的搜索方法，一个搜索点到另一个搜索点的转移有确定的转移方法和转移关系，这种确定性往往也有可能使得搜索永远达不到最优点，因而也限制了算法的应用范围。而遗传算法属于一种自适应概率搜索技术，其选择、交叉、变异等运算都是以一种概率的方式来进行的，从而增加了其搜索过程的灵活性。虽然这种概率特性也会使群体中产生一些适应度不高的个体，但随着进化过程的进行，新的群体中总会产生出更多的优良的个体，实践和理论都已证明，在一定条件下遗传算法总是以概率 1 收敛于问题的最优解。当然，交叉概率和变异概率等参数也会影响算法的搜索效果和搜索效率，所以如何选择遗传算法的参数在其应用中也是一个比较重要的问题。而另一方面，与其他一些算法相比，遗传算法的鲁棒性又会使得参数对其搜索效果的影响尽可能地小。

(4)遗传算法不需要求导或其他辅助知识，而只需要影响搜索方向的目标函数和相应的适应度函数。传统的优化算法不仅需要利用目标函数值，而且往往需要目标函数的导数值等其他一些辅助信息才能确定搜索方向。而遗传算法仅使用由目标函数值变换来的适应度函数值，就可确定进一步的搜索方向和搜索范围，无需目标函数的导数值等其他辅助信息。这个特性对于很多目标函数是无法或很难求导数的函数,或导数不存在的函数的优化问题，以及组合优化等问题，应用遗传算法时就显得比较方便。再者，直接利用目标函数值或个体适应度，也可使得我们可以把搜索范围集中到适应度较高的部分搜索空间中，从而提高了搜索效率。

(5)遗传算法可以更加直接地应用。

(6)遗传算法对给定问题，可以产生许多的潜在解，最终选择可以由使用者确定(在某些特殊情况下，如多目标优化问题不止存在一个解，有一组 pareto 最优解。这种遗传算法对于确认可替代解集而言是特别合适的)。

6.4.1.3 遗传算法的实现

遗传算法操作的是一群编码化的种群，通过选择、交叉、变异等具有生物意义的遗传算子来实现对种群的更新与迭代，以搜索全局最优解。不同类型的编码或不同的遗传算子设置等，都会对遗传算法的实现产生影响。Holland 最初模型中采用的是二进制定长编码和固定规模种群，遗传算子使用的只是最为简单的比例选择算子、单点交叉算子、基本位变异算子。为提高遗传算法的性能，解决实际中的不同问题，近些年来在遗传算法的实现技术方面有了很大的发展。

1)编码方法

编码是应用遗传算法时要解决的首要问题，也是设计遗传算法时的一个关键步骤。编码方法除了决定了个体的染色体排列形式之外，它还决定了个体从搜索空间的基因型交换到解空间的表现型时的解码方法，编码方法也影响到交叉算子、变异算子等遗传算子的运算方法。由此可见，编码方法在很大程度上决定了如何进行群体的遗传进化运算以及遗传进化运算的效率。De Jong 曾提出了如下两条操作性较强的实用编码原则[205]：

(1)应使用易于产生与所求问题相关的且具有低阶、短定义长度模式的编码方案。

(2)应使用能使问题得到自然表示或描述的具有最小编码字符集的编码方案。

简单二进制编码的采用得到了 Holland 早期理论结果的支持，但它存在不直观、映射误差等许多不足之处。灰色编码可用于克服二进制编码映射的不连续问题。动态参数编码的提出是为克服搜索效率与表示精度间的矛盾，同时对克服过早收敛现象也有所帮助。此外，多值编码、实值编码、区间值编码、Delta 编码等多种编码方法也被证明各有优缺点。这些编码方法的提出是启发式的，缺乏一个理论基础来判断各种编码方法的好坏并指导它们的设计。

2)选择算子

选择是遗传算法中最主要的机制，也是影响遗传算法性能最主要的因素。选择压(Selective Pressure)描述了选择机制挑选种群中不同个体做母体的概率大小的差异。选择压过大，会造成几个较好可行解(不一定是近似全局最优解)迅速抢占了整个种群；选择压过小，则会使算法呈现出纯粹的随机徘徊行为。秩选择、适应度函数的尺度变换均是为了克服经典的比例选择所造成的选择压过大或过小而设计的。杰出者选择(Elitist Selection)则通过无条件地保留每代种群中的最优者，而克服了比例选择下遗传算法不能依概率收敛到全局最优解的问题。然而，正如 De Jong 指出的，现行的遗传算法理论无法对这些现象做出完善的解释和提供指导。

3)交叉算子

交叉算子是遗传算法区别于其他进化算法的主要标志，也是遗传算法实现搜索的主要工具。交叉算子的设计和实现与所研究的问题密切相关，一般要求它既不要太多地破坏个体编码串中表示优良性状的优良模式，又要能够有效地产生出一些较好的新个体模式。另外，交叉算子的设计要和个体编码设计统一考虑。交叉算子除了常用的单点交叉(One–point Crossover)[205，206]外，还有两点交叉(Two-point Crossover)[207，208]、均匀交叉(Uniform Crossover)[209]等，研究表明，后面这些交叉算子通常要比单点交叉效果好些[210]。由于对某些特殊问题应用通用的交叉算子来解决，其效率并不高，人们开始设计了多种面向专门问题的交叉算子，如用于由浮点数编码表示的个体进行线性组合运算的算术交叉(Arithmetic Crossover)算子[211]，为图形着色问题而设计的基于顺序的交叉算子(Order–based Crossover)[212]，为旅行推销员问题而设计的遗传边界重组交叉算子(Genetic Edge Recombination Crossover)等。

4)变异算子

变异运算虽然只是产生新个体的辅助方法，但它却是遗传算法必不可少的一个运算环节，因为它决定了遗传算法的局部搜索能力，同时在维持群体的多样性、防止出现早熟现象方面起着重要的作用。设计变异算子主要要解决 3 个问题：变异率、变异位置和变异量的选择。对变异的研究目前主要集中于变异率上，如采用自适应变异率来加快收敛速度[213]，为了跳出早熟，文献[214]提出的算法中引入大变异算子。文献[215]采用动态变异策略，即确定一个阀值及一个与进化代数相关的递增函数，在进化中，若最佳个体连续不变的次数大于阀值时，根据该递增函数提高变异概率，扩大基因分布。基于变异点的遗传算子主要有传统的基本位变异(Simple Mutation)[205]、均匀变异(Uniform Mutation)[216]、边界变异(Boundary Mutation)[211]、非均匀变异(Non–uniform Mutation)[216]及高斯变异(Gaussian Mutation)[211]。

5)适应度函数的设定

遗传算法的一个特点是它仅使用所求问题的目标函数值就可得到下一步的有关搜索信息，而对目标函数值的使用是通过评价个体的适应度来体现的。最优化问题可分为两大类：一类为求目标函数的全局最大值；另一类为求目标函数的全局最小值。对于这两类优化问题，由解空间中某一点的目标函数值 $f(x)$ 到搜索空间中对应个体的适应度函数值 $F(x)$ 的转换方法如下。

对于求最大值的问题，做下列变换，即

$$F(x)=\begin{cases} f(x)+C_{\min} & (f(x)+C_{\min}>0) \\ 0 & (f(x)+C_{\min}\leqslant 0) \end{cases} \tag{6.9}$$

式中：$C_{\min}$ 为一个适当的相对较小的数。

对于求最小值的问题，做下列变换，即

$$F(x)=\begin{cases} C_{\max}-f(x) & (f(x)<C_{\max}) \\ 0 & (f(x)\geqslant C_{\max}) \end{cases} \tag{6.10}$$

式中：$C_{\max}$ 为一个适当的相对较大的数。

使用式(6.9)和式(6.10)来计算适应度时，有些遗传算法会收敛得很快，而有些遗传算法会收敛得很慢。为此，有时在遗传算法运行的不同阶段,还需要对个体的适应度进行适当的扩大或缩小,即对适应度做尺度变换。目前，常用的个体适应度尺度变换的方法主要有：线性尺度变换、乘幂尺度变换和指数尺度变换等。

6)其他遗传算子与执行策略

除了以上选择、交叉、变异3种算子之外，人们还提出了其他的遗传操作算子，如倒位算子、二倍体与显性操作算子[217]等，以及其他的遗传算法执行策略，如小生境遗传算法(Niche Genetic Algorithms, NGA)[218]、混合遗传算法(Hybrid Genetic Algorithms, HGA)[219-221]、并行遗传算法(Parallel Genetic Algorithms, PGA)[222]、共存演化遗传算法(Cooperative Coevolutionary Genetic Algorithms，CCGA)及混乱遗传算法(Messy Genetic Algorithms, MGA)等。

7)遗传算法的运行参数

遗传算法中需要选择的运行参数主要有个体编码串长度 l、群体大小 M、交叉概率 p_c、变异概率 p_m 及终止代数 T 等，这些参数对遗传算法的运行性能影响很大。编码串长的选择对二进制编码来说取决于特定问题的精度，存在定长和可变长度编码两种方式。对于 p_c 及 p_m 的选择，目前许多学者认识到这些参数需要随着遗传进程而自适应变化，这种有自组织性能的遗传算法具有更高的鲁棒性、全局最优性和更高的效率。用于表示遗传算法运行结束条件的终止代数 T 一般的取值范围为100～1 000，还可采用一些判定准则。

6.4.1.4　遗传算法的数学基础

遗传算法早期的数学基础理论主要是模式定理(Schema Theorem)及隐含并行性原理，后来又有了建筑块假设(Building Block Hypothesis)。但是，模式定理却无法解释遗传算法实际操作中的许多现象，隐含并行性的论证存在严重的漏洞，而建筑块假设却从未得到过哪怕是启发式的证明。目前，关于遗传算法数学基础理论的研究主要向 3 个方向进行着，它们是：模式定理的拓广与深入、遗传算法的马氏链模型、遗传算法的收敛理论。

1)模式定理

模式定理揭示出了群体中的优良个体(较好的模式)的样本将以指数级规律增长，因而从理论上保证了遗传算法是一个可以用来寻求最优可行解的优化过程。

定义 6.1　模式表示一些相似的模块，它描述了在某些位置上具有相似结构特征的个体编码串的一个子集。

定义 6.2　在模式 H 中具有确定基因值的位置数目称为该模式的模式阶(Schema Order)，记为 $o(H)$。

定义 6.3　模式 H 中第一个确定基因值的位置和最后一个确定基因值的位置之间的距离称为该模式的模式定义长度(Schema Defining Length)，记为 $\delta(H)$。

在引入模式的概念之后，遗传算法的实质可看成是对模式的一种运算，即将某一模式 H 的各个样本经过选择运算、交叉运算、变异运算之后，得到一些新的样本和模式。假设在进化过程中的第 t 代时，当前群体 $P(t)$中能与模式 H 匹配的个体数(样本数)记为 $m(H, t)$，下一代群体 $P(t+1)$中能与模式 H 匹配的个体数记为 $m(H, t+1)$。则基本遗传算法经过比例选择算子、单点交叉算子、基本位变异算子的连续作用下，群体中模式 H 的子代样本数为

$$m(H,t+1) \geqslant m(H,t) \cdot \frac{f(H,t)}{\overline{F}(t)} \cdot [1 - p_c \cdot \frac{\delta(H)}{l-1} - o(H) \cdot p_m] \quad (6.11)$$

式中：$f(H,t)$ 是第 t 代群体中模式 H 所隐含个体的平均适应度；$\overline{F}(t) = F(t)/M$ 是第 t 代群体的平均适应度；l 为二进制编码的长度；p_c 为交叉概率；p_m 为变异概率。根据式(6.11)就可得到下述模式定理[223]。

【模式定理】　遗传算法中，在选择、交叉和变异算子的作用下，具有低阶、短的定义长度，并且平均适应度高于群体平均

适应度的模式将按指数级增长。

模式定理阐述了遗传算法的理论基础，它说明了模式的增加规律，同时也给遗传算法的应用提供了指导作用。Radeliffe 对模式定理进行了拓广研究，即把 Schema 分析进行了一般化，提出了完整的 forma 分析理论。

2)马氏链模型

a.马尔可夫链的定义

定义 6.4　设 $\{\hat{X}_n; n \geqslant 0\}$ 为一列取值离散的随机变量，离散值的全体记为 $S=\{j\}$，称 S 为状态空间。若对于任意 $n \geqslant 1, i_k \in S(k \leqslant n+1)$，有

$$P\{\hat{X}_{n+1}=i_{n+1} / X_n=i_n, \cdots, \hat{X}_0=i_0\}=P\{\hat{X}_{n+1}=i_{n+1} / \hat{X}_n=i_n\} \tag{6.12}$$

则称 $\{\hat{X}_n; n \geqslant 0\}$ 为马尔可夫链。

b.标准遗传算法的马氏链模型

假设 $S=\{0,1\}^l$ 为个体空间，S^N 为种群空间，S^2 为母体空间。若 $X_i \in S(i \leqslant N)$ 是 N 个个体，则 $\vec{X}=(X_1, \cdots, X_N)$ 是一个种群。用 $\vec{X}(0)$ 表示初始种群，$\vec{X}(n)$ 表示第 n 代种群。用 $f: S \rightarrow R^+$ 表示适应度函数，则标准遗传算法的优化过程如下。

(1)对于 $n=0$ 给出初始种群 $\vec{X}(0)$。

(2)对于第 n 步在 $\vec{X}(n)$ 中按以下分布独立地选择 N 个母体，即

$$P\{T_s(\vec{X}(n))=(Y_1^{(k)}, Y_2^{(k)})\}$$

$$=\begin{cases} f(Y_1^{(k)}) \cdot f(Y_2^{(k)}) / \left(\sum\limits_{X \in \vec{X}(n)} f(X)\right)^2 & \left(Y_1^{(k)}, Y_2^{(k)}\right) \in \vec{X}(n) \\ 0 & \left(Y_1^{(k)}, Y_2^{(k)}\right) \notin \vec{X}(n) \end{cases} \tag{6.13}$$

式中：$(Y_1^{(k)},Y_2^{(k)})\in\vec{X}(n),\ k=1,2,\cdots,N$。

(3)对步骤(2)中选择 N 个母体进行单点随机杂交，即

$$P\{T_c(Y_1^{(k)},Y_2^{(k)})=X_k'(n+1)\}=\begin{cases}kp_c/l & (X_k'(n+1)\neq Y_1^{(k)}\text{且}X_k'(n+1)=AY_1^{(k)}+(I-A)Y_2^{(k)})\\(1-p_c)+\dfrac{kp_c}{l} & (X_k'(n+1)=Y_1^{(k)})\\0 & \text{其他}\end{cases}\tag{6.14}$$

式中：杂交概率 p_c 满足 $0<p_c\leqslant 1$；A 为对角矩阵；n 为单点杂交的杂交点。

(4)设变异概率为 p_m，通过 $\vec{X}'(n+1)=(X_1'(n+1),\cdots,X_N'(n+1))$，产生 $\vec{X}(n+1)=(X_1(n+1),\cdots,X_N(n+1))$，满足概率

$$P\{T_m(X_k'(n+1)=X_k(n+1))\}=p_m^{d(X_k'(n+1),X_k(n+1))}(1-p_m)^{l-d(X_k'(n+1),X_k(n+1))}\tag{6.15}$$

式中：$k\leqslant N$。

(5)如果满足停止准则，则停止，否则转向步骤(2)。

3)改进遗传算法的马氏链模型

由于以上的标准遗传算法可能出现早熟现象，使收敛的极限可能不是全局最优解，为此需对标准遗传算法进行改进。

改进的标准遗传算法有以下的优化步骤：

(1)取 $k=0$，选择初始种群 $\vec{X}(0)$；

(2)利用标准遗传算法生成种群，即

$$\vec{X}'(k)=T_m\circ T_c\circ T_s(\vec{X}(k))$$

(3)取适当的正常数α计算如下

$$C_k=\min\left\{1;\quad\left[\frac{\lambda(\vec{X}'(k))}{\lambda(\vec{X}(k))}\right]^{\alpha/k}\left[\frac{F(\vec{X}'(k))}{F(\vec{X}(k))}\right]^{k}\right\}$$

(4)令 ρ 是[0,1]上均匀分布的随机数，产生新种群为

$$\vec{X}(k+1)=\begin{cases}\vec{X}'(k) & (\rho \leqslant C_k)\\ \vec{X}(k) & (\rho > C_k)\end{cases} \tag{6.16}$$

(5)若符合停止准则，则停止，否则转向步骤(2)。

以上表明，改进的遗传算法的关键是利用 C_k 进行了控制。而 C_k 是由多样度和种群满意适应度决定的。改进标准遗传算法的过程，即是增加种群的满意值，或者是增加种群搜索范围。当种群变化的过程增加时，增加搜索范围作用越来越小，而增加种群满意适应度越来越重要。因此，上述 C_k 变为

$$C_k=\min\{1;\ [F(\vec{X}'(k))/F(\vec{X}(k))]^k\}$$

6.4.2　应变传感器位置优化 GA 法的实现

用遗传算法来求解背包问题，其中一个关键问题是如何满足约束条件。简单的二进制编码和浮点数编码在交叉和变异操作中往往会破坏这种约束条件，从而导致问题环境的改变。而传感器优化配置问题是一类特殊的背包问题，将给定数量的传感器配置在最优位置上，其数学模型实际上是一个 0–1 规划问题，即第 i 位基因码为 1，则第 i 个自由度应配置传感器；第 i 位基因码为 0，则第 i 个自由度不配置传感器。如果采用传统的编码方法，在进行交叉和变异操作时就会因改变基因码 1 的个数而改变传感器配置的数量。

处理约束条件有两种方法：一种是用罚函数法改造目标函数；另一种方法是结合贪心算法改造染色体的解码过程[224]。1994 年，坂和正男等针对背包问题提出了一种改进的编码方法(即二重结构编码)来考虑约束条件的满足问题，并且比基本遗传算法的搜索效率高。为此，本书采用二重结构编码来满足约束条件。

6.4.2.1　参数编码

二重结构编码方法如图 6.2 所示。个体染色体表示的二重结

构由变量码和附加码两行组成，上行 $u(i)$ 为传感器可布置的位置，下行 $y_u(i)$ 对应于附加码 $u(i)$ 的值(值为 1，即布置；为 0，则不布置)。$\hat{n}$ 为染色体的基因位数，在本书应变传感器优化配置问题中，$\hat{n}$ 为模型可测总自由度(可安装传感器的位置)减去初步选择的量测自由度所剩下的自由度。又实际测试时总会把模型中那些不可能作为测点的自由度剔除，如转角自由度及无法安置仪器的位置，故 $\hat{n}$ 实际上是剩余可供选择的自由度数。

附加码	$u(1)$	$u(2)$	…	$u(i)$	…	$u(\hat{n})$
变量码	$y_u(1)$	$y_u(2)$	…	$y_u(i)$	…	$y_u(\hat{n})$

图 6.2　二重结构编码

对某个个体编码时，首先按洗牌方式产生附加码 $\{u(i),\ i=1,2,\cdots,\hat{n}\}$，列于上行；然后随机产生下行相应的变量码 $\{y_u(i)=1 \text{ 或 } 0;\ i=1,2,\cdots,\hat{n}\}$，这样构成一个个体的二重结构编码。

例如，对于一个具有 15 位基因的个体，如果随机产生的附加码序列为 3、7、2、10、1、4、13、6、5、15、11、9、8、12、14，相应的变量码的值为 0、1、1、0、0、0、1、0、1、0、0、0、0、1、0，则该个体的二重结构编码如图 6.3 所示，它对应于一个可行解，即选择了自由度编号为 2、5、7、12 和 13 的传感器位置。

3	7	2	10	1	4	13	6	5	15	11	9	8	12	14
0	1	1	0	0	0	1	0	1	0	0	0	0	1	0

图 6.3　一个个体的二重结构编码

对于上述二重结构编码，其交叉算子和变异算子的设计都与基本遗传算法不同，需要重新设计。

6.4.2.2　交叉算子

在二重结构编码中，对于交叉操作，用通常的操作算子产生新个体的附加码会出现重复，采用 Goldberg 等针对 TSP 提出的基于路径表示的部分匹配交叉 PMX(Partially Matched Crossover)操作可较好地解决这一问题。PMX 操作是首先在父个体中随机选取两个交叉点，两个交叉点间的基因位称为匹配段，根据两个父个体中两个交叉点之间的匹配段给出的映射关系生成两个子个体。在二重结构编码的交叉操作中，与通常的 PMX 操作不同，PMX 操作只针对个体的上行附加码进行，子个体的下行变量码值仍根据其父个体中附加码与变量码的对应关系来确定。具体操作步骤如下：

(1)随机选取两个交叉点；

(2)交换两个父个体交叉点间的附加码匹配段；

(3)对子个体中的附加码两端部分，保留从其父个体中继承未选择的数码；

(4)对子个体中的附加码两端部分，若从其父个体中继承的数码与交换后匹配段数码重复，则根据父个体匹配段的映射关系决定所取数码。如果映射关系中存在传递关系，则选择此前未确定的一个码作交换。

图 6.4 例示了两个父个体执行 PMX 操作生成的子个体情况。父个体的匹配段附加码分别为 6、5、10、8 和 1、7、12、10。父个体的匹配段附加码相互交换构成子个体的匹配段附加码；对子个体中的附加码两端部分由父个体中继承得到(图中的 13、3、7、11、9、1、4、12、15、2、14 和 9、4、6、15、8、11、14、3、2、5、13)；对于子个体中的附加码两端部分与交换后匹配段数码重复，根据父个体匹配段的映射关系决定所取数码，如映射关系中存在传递关系，选择此前未确定的一个码作交换生成子个体的附加码(1⟷6、7⟷5、12⟷10⟷8 ⟹12⟷8)；变量码顺序保持不变。

交叉点 1　　交叉点 2

13	3	7	11	9	1	4	12	6	5	10	8	15	2	14
0	1	0	1	0	1	0	0	1	0	0	0	0	0	1

9	4	6	15	8	11	14	3	1	7	12	10	2	5	13
0	0	1	0	0	0	1	0	0	1	0	1	1	0	0

匹配段

(a)交叉前

⇩

13	3	5	11	9	6	4	8	1	7	12	10	15	2	14
0	1	0	1	0	1	0	0	1	0	0	0	0	0	1

9	4	1	15	12	11	14	3	6	5	10	8	2	7	13
0	0	1	0	0	0	1	0	0	1	0	1	1	0	0

匹配段

(b)交叉后

图 6.4　二重结构的 PMX 示意

6.4.2.3　变异算子

二重结构编码的变异操作采用逆位遗传算子。在父个体上随机选择两个变异点，两个变异点间的上行附加码按相反顺序重新排列，下行的变量码顺序不变，如图 6.5 所示。

6.4.2.4　适应度函数的设定

遗传算法在搜索进化的过程中直接用适应度来评估解群的优

13	3	5	11	9	6	4	8	1	7	12	10	15	2	14
0	1	0	1	0	1	0	0	1	0	0	0	0	0	1

(a)变异前

变异点 1　　变异点 2

13	3	5	11	9	6	1	8	4	7	12	10	15	2	14
0	1	0	1	0	1	0	0	1	0	0	0	0	0	1

(b)变异后

图 6.5　二重结构的逆位变异示意

劣，并以此作为遗传操作的依据。因此，适应度函数在遗传算法中是非常重要的。本书优化的准则是力求使结构 ***SMAC*** 矩阵的最大非对角元极小化，目标函数为最小问题。而遗传算法中，解群的适应度为最大化问题，因此不能直接采用目标函数作为适应度函数，而是用目标函数构造一个最大化的适应度函数，将目标函数的极小化问题转化为适应度函数的最大化问题。考虑到表征两应变模态向量相关性的 ***SMAC*** 矩阵非对角元的最大值为 1，构造如下的适应度函数

$$F(x)=1-f(x)$$

式中：$f(x)=\max\{\boldsymbol{SMAC}_{ij}\}$。

6.5　算　例

算例我们采用了一个复合材料四端简支板结构，图 6.6 所示

为复合材料四端简支板结构的有限元模型，有限元模型共有 99 板单元，120 个节点，单元、节点编号如图 6.6 中所示。该模型长 220 mm，宽 180 mm，厚 2 mm；材料弹性模量 E_1=38.6 GPa，E_2=8.27 GPa，E_3=8.27 GPa；泊松比 $\mu_{12}=0.26$，$\mu_{13}=0.26$，$\mu_{23}=0.52$；剪切模量 $G_{12}=4.14$ GPa，$G_{13}=4.14$ GPa，$G_{23}=3.10$ GPa；材料密度 ρ=1 033 kg/m^3。

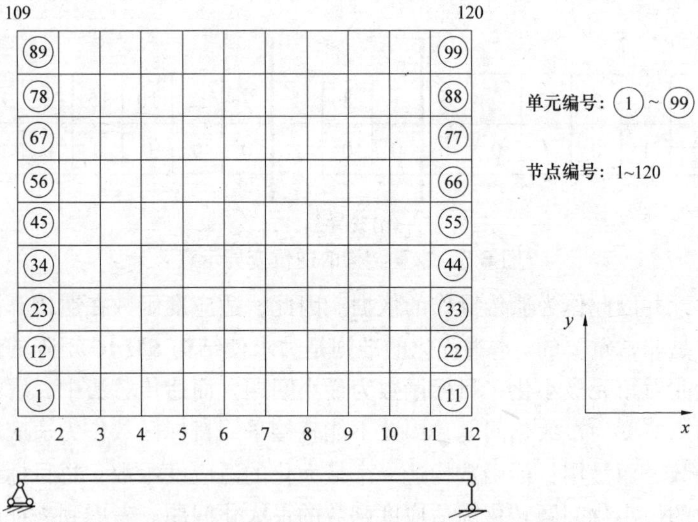

图 6.6　复合材料四端简支板结构的有限元模型

每个节点具有三个方向的应变，假定只在水平 x 向布置传感器测点，又因为实际布置时，四边较难安置传感器，故传感器测点的选择范围为：$14_x \sim 23_x$、$26_x \sim 35_x$、$38_x \sim 47_x$、$50_x \sim 59_x$、$62_x \sim 71_x$、$74_x \sim 83_x$、$86_x \sim 95_x$、$98_x \sim 107_x$(其中，数字为节点号，下标字母 x 为水平 x 向)。考虑到结构的低阶应变模态具有较大的参与系数，且损伤诊断以低阶应变模态为依据，因此选择其第 1、2、3、4、5 阶应变模态作为优化的目标，利用本章前面所建议的算法进行应变传感器最优布置。表 6.1 列出了由有限元计算的复合材料四端简支板的前 5 阶模态频率。

表 6.1　前 5 阶模态频率

阶次	第 1 阶	第 2 阶	第 3 阶	第 4 阶	第 5 阶
频率(Hz)	73.987	137.8	157.11	224.1	359.01

取 25 个传感器进行测试，首先采用本章第 6.3 节所述的方法求得一小组测点(这里选择 5 个测点)布置位置，余下的 20 个传感器位置优化采用本章所述的遗传算法进行优化配置。根据问题的性质，这里取交叉概率 p_c 为 0.7，变异概率 p_m 为 0.08，终止进化代数为 300 代，依第 6.4.2 部分中步骤进行遗传操作，直到最优个体适应度为最大或已达到预定的进化代数则终止。图 6.7 给出了遗传算法寻优过程的历代最大适应度变化曲线，该曲线表明，在遗传算法进化至 49 代时，适应度最大为 0.982 76，其对应的 ***SMAC*** 矩阵的最大非对角元最小为 0.017 24，而在相同优化准则下采用序列法对上述传感器位置进行优化，其对应的 ***SMAC*** 矩阵的最大非对角元最小为 0.026 85。可见，在相同优化准则下本书所述的

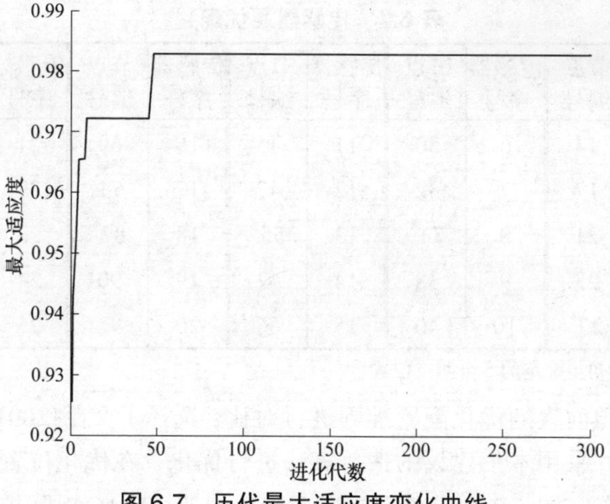

图 6.7　历代最大适应度变化曲线

遗传算法优化结果要优于序列法。图 6.8 是采用本章所述的遗传算法进行优化配置 ***SMAC*** 矩阵柱状图，表 6.2 是传感器位置优化配置的结果。

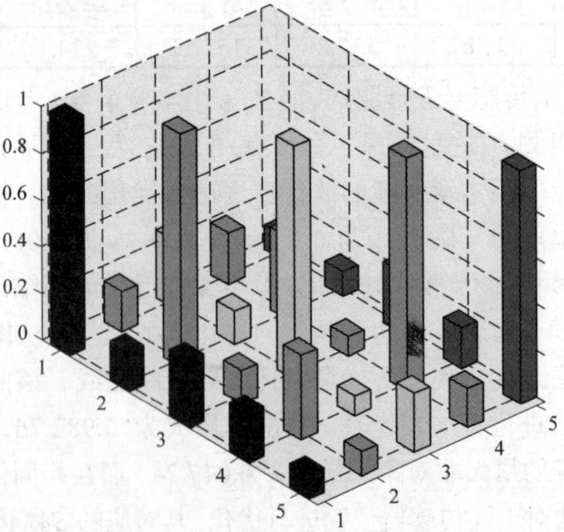

图 6.8　***SMAC*** 矩阵柱状图

表 6.2　传感器最优配置

传感器序号	节点编号	传感器序号	节点编号	传感器序号	节点编号	传感器序号	节点编号	传感器序号	节点编号
1	14	6	30	11	45	16	69	21	94*
2	17	7	32	12	47	17	71	22	98
3	21	8	34*	13	55*	18	87*	23	101
4	23	9	38	14	62	19	90	24	105
5	27*	10	40	15	66	20	92	25	107

注：*为初步确定的 5 个测点位置。

为与前人的优化配置准则进行对比，选择了文献[200]优化配置准则并采用本书建议的遗传算法进行优化，在优化位置配置应变传感器，图 6.9 为以此配置应变传感器的 ***SMAC*** 矩阵柱状图，从图 6.8、图 6.9 中可以看出，正如前面所讲应变(应变模态)与位移(位移模态)在空间坐标上的大小不存在一致对应关系，以位移模态为目标进行传感器位置优化来配置应变传感器并不能起到优化配置的效果。

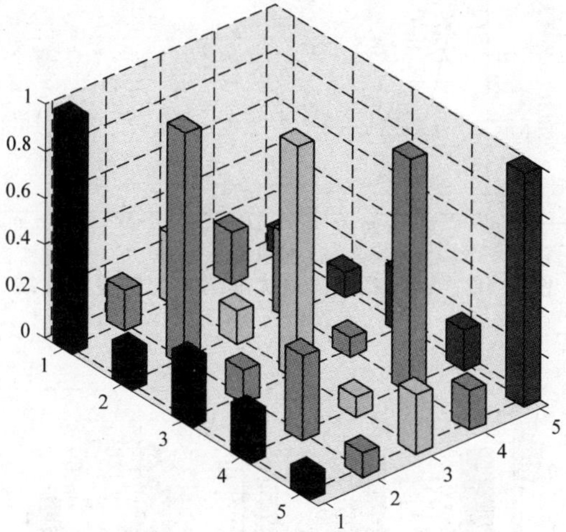

图 6.9　***SMAC*** **矩阵柱状图**

图 6.10 为利用本书中所述方法随着配置传感器数目增加时 ***SMAC*** 矩阵最大非对角元的变化曲线(初始 5 个测点不变)。可以看出，曲线先呈下降趋势而后上升，当传感器数目增加到 51 个，即配置 56 个传感器时，***SMAC*** 矩阵最大非对角元最小，为 0.005 28，此时 ***SMAC*** 矩阵柱状图如图 6.11 所示。但此时所需传感器数量过多，经济上并不合理，而且从图 6.10 中可以看出，在初始配置 5 个测点的基础上再增加 20 个传感器就已经能够达到很好的优化效果，再增加时曲线下降非常缓慢，因此作为本章算例的复合材料四端简支板的传感器最佳配置数目为 25 个，配置位置如表 6.2 所示。

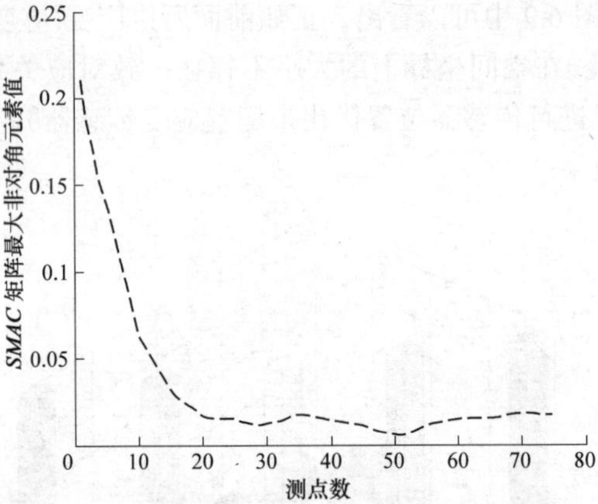

图 6.10　***SMAC*** 矩阵最大非对角元的变化曲线

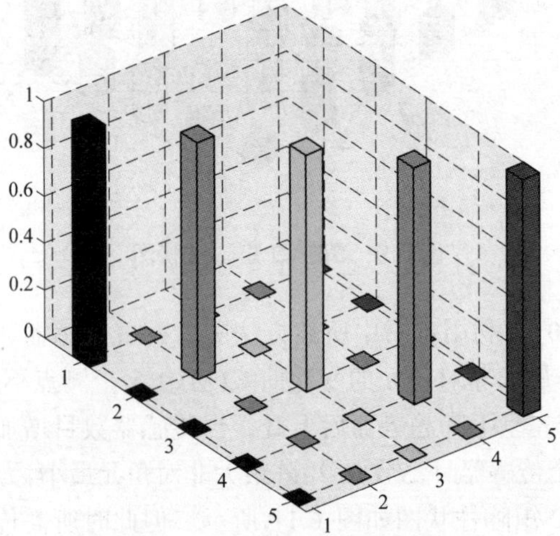

图 6.11　***SMAC*** 矩阵柱状图

6.6　本章小结

传感器优化配置的研究是一个难度较大的课题，特别是对于基于损伤诊断的传感器的优化配置问题，目前国内外研究的均比较少。进行传感器的优化配置，首先要确定合理的、能反映测试要求的优化配置准则。而目前的文献[198-201]提出的优化配置准则则是基于以位移模态为目标对传感器的位置进行优化的配置准则，适用于测量位移振型的传感器位置优化。而本书所研究的基于 FBG 智能结构损伤诊断所用的 FBG 传感器测量的是应变(应变模态)，由于应变(应变模态)与位移(位移模态)在空间坐标上的大小不存在一致对应关系，所以上述优化准则并不适用于 FBG 应变传感器位置的优化，并且至今尚未有关于应变传感器位置优化的相关研究。

首先，本章根据第 3 章的研究，利用了应变模态具有正交性，提出了应变模态保证准则的定义，并以此提出基于应变模态保证准则的应变传感器优化配置准则，并且对利用应变模态矩阵信息阵的 2–范数初步拟定出一小组传感器位置进行了研究。其次，传感器的优化配置还必须选用适当的优化方法，本章研究采用目前发展起来的遗传算法对剩余的传感器的位置进行组合优化，首先对遗传算法的基本思想、基本特点、有关理论及其实现技术进行了详细的阐述，然后对基于遗传算法的传感器位置优化过程的具体实现进行了描述。

本章最后从给出的一个复合材料四端简支板算例为角度，对本章的上述方法可行性进行分析研究，结果表明，本章所建议的方法能更加有效地配置应变传感器。

第 7 章 总结与展望

7.1 总 结

本书主要围绕国家自然科学基金项目——“具有自诊断功能的智能夹层的研究”而进行，从事基于 FBG 智能结构损伤自诊断方法及其传感器优化配置方面的研究，研究工作主要归纳如下。

7.1.1 基于频率的损伤定位指标改进研究

由于频率是最实用的、最易测得的结构动力特征，也是当前技术测得最准的结构动力特征(低阻尼结构的频率识别的分辨率一般可达到 0.1%，而同时其振型的误差可高达 10%甚至更多)；另外，频率的整体辨识特性使测量点可以根据实际情况进行定制，因此频率常被人们选来作为结构损伤的敏感特征参数进行损伤识别。目前，基于频率的结构损伤定位中较为常用的是 Adams 等提出的用频率变化比进行结构损伤定位，他们证明了在单一小损伤情况下，两模态的频率变化之比只是损伤位置的函数，而与损伤程度无关。之后，Hearn 和 Testa 对其进行改进，提出归一化后的频率变化比进行结构的损伤定位。以上两种频率法指标是通过忽略结构运动摄动方程的二阶项得到，这些损伤指标仅适用于小损伤的位置识别。随着损伤程度的变大，频率变化比值(归一化后的频率变化比)也随着损伤程度在变化。如再利用频率变化比(归一化后的频率变化比)进行结构的损伤定位，可能导致误判。本书在对传统的基于频率的结构损伤识别的机理进行阐述的基础上，理论推导了基于频率的改进的损伤定位指标，此改进指标适用于大小损伤的位置识别。采用一个复合材料悬臂梁数值算例对上述损伤位置指标进行计算分析，结果表明：不同损伤程度情况下传统损伤定位指标计算值差异较大，而改进后的损伤定位指标值较为一致，受损伤程度影响比传统指标要小得多，更适合用来作为损伤位置的敏感特征参数进行损伤位置的识别。

7.1.2　基于频率的损伤程度识别指标改进研究

在理论推导基于频率的改进损伤定位指标的同时，得到了改进的损伤程度识别指标(第 3 章中式(3.74))，由式(3.74)可知，在已知损伤位置情况下，该改进指标只是频率单因素的函数。采用复合材料悬臂梁数值算例对传统的和改进的损伤程度指标计算分析，结果表明：采用传统的损伤程度识别指标预测损伤单元的损伤程度与实际损伤程度的差异较大，而采用改进的损伤程度识别指标预测值与实际损伤程度较为一致，适合用来作为结构损伤程度的敏感特征参数。

7.1.3　研究建立与损伤程度无关的标准化应变模态差指标

应变模态是位移模态的一阶导数，它对结构损伤的出现和位置要比位移模态敏感得多，在损伤的局部位置应变模态差有明显的峰值，且峰值的大小随损伤程度的增加而增加。为消除损伤程度对应变模态差矢量的影响，本书对应变模态差矢量进行了标准化，并给予了理论证明，且通过复合材料悬臂梁数值算例进行验证。另外，还证明了应变模态矢量具有正交性，这一性质是本书第 6 章的应变传感器优化配置的理论依据。

7.1.4　研究了基于径向基神经网络(RBFNN)的损伤报警方法

径向基神经网络是一种典型的局部逼近神经网络，它模拟了人脑中局部调整、相互覆盖接受域的神经网络结构，与全局逼近算法的 BP 网络相比，它在函数逼近与联想、模式分类、学习速度等方面都优于 BP 网络，以往损伤报警方法多采用 BP 神经网络进行，因此本书对采用 RBFNN 作为判断损伤是否出现的损伤报警系统进行了研究，研究中考虑了测试噪声影响。通过复合材料悬臂梁数值算例对该法可行性进行了分析，并与 BP 网络判断结果进行了对比研究。

7.1.5 研究了基于自适应概率神经网络损伤定位的方法

目前，在损伤定位识别中应用最为广泛的 BP 网络存在着训练后网络不能继续保存噪声的缺点，不适合在有测试噪声情况下的损伤定位。而概率神经网络(PNN)是以贝叶斯概率的方法描述测量数据，具有在有噪声污染的测试数据中进行损伤分类的能力，通过具有无参估计的已知数据集的概率密度函数来实现贝叶斯决策，判断未知数据最大可能属于哪个已知数据集来判断未知来源的检验矢量究竟属于哪一类损伤的模式类。PNN 有基本和自适应两种形式，考虑到国内对 PNN 在损伤诊断中应用研究尚很少，特别是自适应 PNN，本书尝试研究利用自适应 PNN 对结构进行损伤定位。首先，对传统 PNN 原理及网络结构进行了阐述；其次，研究了自适应 PNN 及其损伤定位机理。另外，网络输入特征参数的选择对网络输出影响巨大，选择与损伤程度无关、仅是损伤位置函数的输入特征参数显得尤为重要，通过第 3 章的研究，本书中采用一种结合改进的损伤定位指标与标准化应变模态差的“组合损伤指标”作为网络的输入特征参数进行结构的损伤位置的识别。通过复合材料悬臂梁数值算例，考察了不同噪声水平下的自适应 PNN、传统 PNN 以及 BP 网络的识别结果，分析了测试误差对模态灵敏度的影响。

7.1.6　研究了基于改进 BP 神经网络的结构损伤程度识别方法

本书首先对 BP 神经网络原理进行了详细的阐述。由于 BP 算法收敛速度慢，容易收敛到局部最小点，为避免 BP 算法的上述缺陷，本书采用附加动量法修正权值以及自适应参数调节法对 BP 算法进行了改进。由第 3 章式(3.74)可知，在已知损伤位置情况下，改进的损伤程度指标只是频率单因素的函数，因此选取改进的损伤程度指标作为网络的输入特征参数来识别结构的损伤程度,并通过复合材料悬臂梁数值算例对该方法进行了可行性分析，在分析中考虑了测试噪声的影响因素。

7.1.7　本书从试验的角度，对基于神经网络的智能结构多级损伤诊断方法进行了试验分析研究

试验以钢尺悬臂梁为研究对象，采用激振器进行正弦扫频激振和以固有频率进行单频激振，由加速度传感器和应变传感器组采集获得前 3 阶共振频率与应变模态矢量。根据这些参数可计算得到“组合损伤指标”以及“改进损伤程度识别指标”，并分别输入到自适应 PNN 损伤定位网络模型和改进 BP 神经网络的损伤程度识别网络模型中进行损伤位置和损伤程度识别，试验结果显示该法能对结构损伤进行较为准确的识别。

7.1.8　FBG 传感器优化配置的研究

目前，国内外学者提出的优化配置准则是以位移模态为目标对传感器位置进行优化的配置准则，而本书所研究的基于 FBG 智能结构损伤诊断所用的 FBG 传感器测量的是应变(应变模态)，所以上述优化准则并不适用于 FBG 应变传感器位置的优化，并且至今尚未有关于应变传感器位置优化的相关研究。首先，根据第 3

章研究的应变模态具有正交性，定义了应变模态的保证准则，并提出基于应变模态保证准则的应变传感器优化配置准则，还对利用应变模态矩阵信息阵的 2–范数初步拟定出一小组传感器位置进行了理论研究。其次，传感器的优化配置还必须选用适当的优化方法，非线性规划法、序列法等常用的优化方法都容易陷入局部最优解，而目前发展起来的遗传算法则是基于概率的方法，不易陷入局部最优解，因此研究采用遗传算法对剩余的传感器位置进行组合优化。用遗传算法来对传感器位置组合优化，其中一个关键问题是如何解决满足约束条件，简单的二进制编码和浮点数编码在交叉和变异操作中往往会破坏这种约束条件，从而导致问题环境的改变，本书采用了二重结构编码来满足这种约束条件。最后，以一个复合材料四端简支板算例对上述方法可行性进行分析研究。

7.2　主要创新之处

(1)本书提出基于神经网络的智能结构多级损伤诊断策略，具体内容有基于径向基神经网络(RBFNN)的损伤报警、基于自适应概率神经网络的损伤定位、基于改进 BP 神经网络的结构损伤程度识别等 3 个方面，对它们的基本原理、技术的实现方法进行了研究。

(2)理论推导了基于频率的改进损伤指标，数值算例结果表明，改进的损伤指标比传统指标更适合用来作为损伤敏感特征参数。

(3)建立与损伤程度无关的标准化应变模态差指标，提出一种结合改进的损伤定位指标与标准化应变模态差的“组合损伤指标”作为网络的输入特征参数进行结构的损伤位置识别。

(4)提出了基于应变模态保证准则的应变传感器优化配置准

则以及基于应变模态矩阵信息阵的 2–范数初步拟定一小组传感器位置的方法，并对剩余传感器的位置优化配置采用的改进遗传算法进行了研究。上述所做的研究工作旨在为智能结构损伤诊断中的应变传感器位置优化配置提供理论指导。

7.3 展　望

智能结构是一个综合多学科的新兴研究领域，其研究内容非常广泛，其中结构损伤自诊断功能是其研究的核心内容之一，对这一核心问题的研究，本书所做的工作也只是基础探索性的，需要进一步深入研究的问题如下。

(1)将神经网络技术运用于各个损伤识别阶段，在这一策略中需要一个高精度的有限元模型作为基准模型，这是因为基于神经网络技术的损伤诊断方法需要大量的神经网络训练数据，这些数据一般都要通过高精度的有限元模型模拟真实结构在健康状态和各种不同损伤状态下产生。而实际在对真实结构建立高精度有限元模型时总是存在着一定的模型误差,这种模型误差是确定性的，不同于本书研究中所考虑的测试误差，对于这种确定性的模型误差对运用神经网络进行结构损伤诊断结果影响如何，有待于从理论和试验角度进行深入的研究。

(2)本书所研究的基于 FBG 智能结构损伤诊断方法只包括损伤报警(有无损伤)、损伤位置确定以及损伤程度识别等 3 个部分，不包含对结构损伤类型的判别，但结构损伤类型的判别对其健康状态准确的评估也是十分重要的,尤其是对于复合材料结构而言。因此，需要对损伤类型的判别方法进行研究。

(3)神经网络具有优越的非线性处理能力和泛化能力，以及强大的并行计算能力、自学习功能和联想能力，使得它在很多实际工程领域中都取得了传统符号学习机制所难以获得的效果，尤其在模式识别领域中。但神经网络方法存在一个固有的缺陷，即由于其通过训练获得的知识以数值的形式蕴含在大量的连接权中，由于其知识表示的分布式特性，让使用者难以对神经网络的能力有一个清晰的了解，也无法获得明确的推理过程的解释。专家系统是基于符号的推理系统，具备解释功能，但存在知识获取困难的缺点。将来可将二者优势互补，研究基于神经网络的专家系统智能结构损伤诊断方法，为智能结构损伤诊断以及健康监测创造一条崭新的技术路线。

参 考 文 献

[1] 陈长征, 罗跃纲, 白秉三, 等. 结构损伤检测与智能诊断[M]. 北京: 科学出版社, 2001.

[2] Stubbs N et al. Field verification of a nondestructive damage location and severity estimation algorithm[C]. USA: Proc. of the 13th Inter. Modal Analysis Conf. 1995: 210-218.

[3] Lyer S S, Haddad Y M. Intelligent Materials——An Overview[J]. Int. J. Pres. Ves. & Piping, 1994, 58: 335-344.

[4] Takagi T. A concept of intelligent materials US-Japan Workshop on Smart Intelligent Materials and System[J]. Technomic Lancaster, PA, 1990: 3-10.

[5] Rogers C A. Workshop Summary in Smart Materials Structure and Mathematical Issues[J]. Technomic Lancaster, PA, 1989:1-12.

[6] Eric Udd. Overview of Fiber Optic Smart Structure for Aerospace Application[J]. SPIE, 1988,l986:2-5.

[7] Houston B H. Fiber Optic Sensors for Smart Skins Applications[J]. SPIE, 1990, 1370:6-19.

[8] Ganhi M V, Thompson B S. Smart Materials and Structures[M]. London: Chapman&Hah, 1992.

[9] Gulshaw B. Smart Structure and Application in Civil Engineering.IEEE, 1996,84(1):78-86.

[10] Takagi T. A concept of intelligent materials[J]. U S-Japan Workshop on Smart/Intelligent Materials Systems, Technmic Publishing Company Inc, 1990: 3-10.

[11] Rogers C A. Intelligent materials systems-the dawn of a new materials age[J]. Journal of Intlligent Material Systems and Structure, 1993, 4(1): 1-8.

[12] A Crowson. Smart Materials and Structures: An Arm Perspective[C]. Proceedings Conference on Recent Advance in Adaptive and Sensory Materials and Their Applications, 1992: 811-821.

[13] K D Bennett, et al. Astronautics Laboratory Smart Structures /Skins Program Overview[J]. SPIE, 1990, 1370: 20-28.

[14] D W DeHart. Air Force Astronautics Laboratory Smart Structures and Skins Program Overview[J]. SPIE, 1989, 1170: 11-18.

[15] D Damjanovic and R E Newnham. Electrostrictive and Piezoelectric Materials for Actuator Applications[J]. Journal of Intelligent Material System and Structure, 1992, 3(4): 190-207.

[16] T Valis, E Tapaned and R M Measures. Localized Fiber Optic Strain Sensors Embedded in Composite Materials[J]. SPIE, 1989,1170: 495-504.

[17] P M Schindler, R G May and R O Claus. Location of Impacts on Composite Panels by Embedded Fiber Optic Sensors and Neural Network Processing[J]. SPIE, 1995, 2444: 481-489.

[18] M E Regelbrugge, N M Wereley , Y Matsuzaki. Overview of Smart Structures and Integrated Systems[J]. SPIE, 1997, 3041: 2-9.

[19] S P Joshi and NI Munir. Impact Location, Energy and Damage Detection in a Smart Structure[J]. SPIE, 1996, 2718: 185-201.

[20] Worden K, Manson G, Fieller N R J. Damage dection using outlier analysis[J]. Journal of Sound and Vibration, 2000, 229(3): 647-667.

[21] Coverley P T, Staszewski W J. Impact damage location in composite structures using optimized sensor triangulation procedure[J]. Smart Mater Struct, 2003(12): 795-803.

[22] Christian Boller, Christian Biemans, et al. Structural damage monitoring based on an actuator-sensor system[C] // SPIE Conference on Smart Structures and Integrated Systems, Newport Beach. California:

SPIE, 1999, 3668: 285-294.

[23] Staszewski W J, Read I, Foote P D. Damage detection in composite materials using optical fibers recent advances in signal processing[J]. Smart Structures and Materials, 2000, 3985: 261-270.

[24] Maseras-Gutierrez M A, Staszewski W J, Found M S. Detection of impacts in composite materials using piezoceramic sensors and neural networks[C] //SPIE Conference on Smart Structures and Integrated Systems. San Diego. California: SPIE, 1998, 3329: 491-497.

[25] Piercea S G, Donga F,Athertona K,et al. Damage assessment in smart composite structures: the DAMASCOS programme[J]. Smart Structures and Materials, 2001, 3985: 261-270.

[26] Manson G, Worden K. Lamb-wave sensor optimisation using differential evolution[J]. Smart Structures and Materials, 2001, 4326: 570-580.

[27] Worden K, Manson G. Exprimentation Validation of a structural health monitoring methodology：Part Ⅰ[J]. Novelty detection on a laboratory structure, Journal of Sound and Vibration, 2003, 259(2): 323-343.

[28] Worden K, Manson G. Exprimentation Validation of a structural health monitoring methodology: Part Ⅱ[J]. Novelty detection on a GNAT aircraft. Journal of Sound and Vibration, 2003, 259(2): 345-363.

[29] Worden K, Manson G. Exprimentation Validation of a structural health monitoring methodology: Part Ⅲ[J]. Damage location on an aircraft wing, Journal of Sound and Vibration, 2003, 259(2): 365-385.

[30] B Culshaw , C Michie. Fiber Optic Strain and Temperature Measurement in Composite Materials-A Review of the OSTIC Programme[C]. Blacksburg. Proc. of the Conference on Recent Advances in Adaptive and Sensory Materials and Their Application, 1992: 791-808.

[31] Sehol Otkr. Adaptive structure in Japan[J]. J of Intell Mater and Struct,

1993, 4(4): 437-451.

[32] Yoshida I, Kurose H, Fuhui S, et al. Parameter identification on active control of a structure model[J]. Smart Materials and Structures, 1995, 4: A82-A90.

[33] Toshinori Takagi. Concept of smart material and its activities in Japan[C]. Glasgow: Proc. of First European Conference on Smart Materials and Structures, 1992: 367-371.

[34] Sater J M. Adaptive Structures Programs for the Strategic Defense Initiative Organization[C]. AIAAA, 1992,2338: 369-377.

[35] T. Takagi. A Concept of Intelligent Materials and the Current Activities of Intelligent Materials in Japan[C]. Glasgow: Proc. of the First European Conference on Smart Structures and Materials, 1992: 13-18.

[36] Sater J M. Strategic defensive initiative organization adaptive structure program overview[C] // Second Joint U S-Japan Conference on Adaptive Structure. Pennsylvania Technomic Publishing Company, 1992: 493-509.

[37] Sater J M. Adaptive Structures programs for the strategic defense initiative organization[C]. AIAA, 1992, 2338: 369-377.

[38] 陶宝祺，等. 智能材料结构[M]. 北京：国防工业出版社, 1997.

[39] 陶宝祺，等. 强度自适应复合材料结构[D]. 航空学报，1994, 15(3): 280-286.

[40] 陶云刚. 基于神经网络的强度自诊断自适应智能复合材料结构研究[D]. 南京:南京航空航天大学, 1995.

[41] 熊克. 形状记忆合金增强复合材料自适应力学研究[D]. 南京：南京航空航天大学, 1997.

[42] 陶宝祺，石立华，熊克，等. 自诊断自适应智能复合材料结构系统的研究[J]. 应用科学学报，1999, 17(1): 1-7.

[43] 袁慎芳. 进行损伤评估的智能材料结构的研究[D]. 南京：南京航空

航天大学, 1996.

[44] 石立华. 基于压电元件的损伤自诊断自适应智能结构的研究[D]. 南京：南京航空航天大学, 1996.

[45] 吴耀军. 小波和神经网络理论及在复合材料损伤检测中的应用[D]. 南京：南京航空航天大学, 1996.

[46] 梁大开, 陶宝祺, 朱晓荣. 光纤智能复合材料结构的研究[J]. 仪器仪表学报, 1999, 20(6): 582-585.

[47] 梁大开, 陶宝祺. 智能复合材料结构中偏振式光纤传感器系统的研究[J]. 航空学报, 1998, 19(3) : 335-337.

[48] 梁大开, 黄明双, 陶宝祺. 光纤埋人碳纤维复合材料结构的实验研究[J]. 材料工程, 2000(2) : 16-18.

[49] 梁大开, 杨红, 张明德, 等. 光纤与 PDCH 纤维传感技术在智能结构中的应用研究[J]. 传感技术学报, 2001(4): 318-322.

[50] 梁大开, 邱浩. 表面等离子体波光纤传感器应用于复合材料固化监测的研究[J]. 光学技术, 2003, 29(2): 185-187.

[51] 刘果. 基于压电元件的振动主动控制智能材料结构的研究[D]. 南京：南京航空航天大学, 1997.

[52] 陈勇. 压电自适应结构振动控制技术研究[D]. 南京：南京航空航天大学, 1998.

[53] 孙亚飞. 基于压电智能结构的三轴向主动隔振技术研究[D]. 南京：南京航空航天大学, 1997.

[54] 杨红. 空心光纤用于智能结构自诊断、自修复的研究[D]. 南京：南京航空航天大学, 2001.

[55] 梁大开, 杨红. 采用空心光纤自诊断、自修复智能结构的研究[J]. 压电与声光, 2002, 24(4): 261-263.

[56] 陶宝祺, 梁大开, 熊克, 等. 形状记忆合金增强智能复合材料结构的自诊断、自修复功能的研究[J]. 航空学报, 1998, 19(2): 250-252.

[57] Yang Hong, et al. A hollow-center optical fiber sense network for

in-situ strain monitoring in smart structures[C]. The First Asia-Pacific Workshop on Smart Materialsand Structures, 2001.

[58] 黄尚廉. 重庆大学在智能结构领域的研究进展[C]//中国航空学会 95 智能(机敏)材料与结构研讨会论文集, 1995, 12: 1-8.

[59] 黄尚廉. 智能结构系统——减灾防灾的研究前沿[J]. 土木工程学报，2000，33(4)：1-5.

[60] Huang S L，Chen W M. Overview of health monitoring for civil infrastructure system in China. Proceeding of ICHMCIS, 1999: 34-42.

[61] 王晓明, 沈亚鹏. 关于机敏材料和机敏结构的力学分析[J]. 力学进展, 1995(2): 209-222.

[62] 沈亚鹏, 王晓明, 陈常青. 智能结构力学研究的最新进展[C] //现代力学与科学进步——庆祝中国力学学会成立 40 周年. 北京：清华大学出版社, 1997.

[63] 陈常青. 压电类机敏结构力学分析的基本理论及其应用[D]. 西安：西安交通大学, 1997.

[64] 王健. 形状记忆合金的热力学特性及在智能复合结构中的应用[D]. 西安：西安交通大学, 1999.

[65] Yen Yinliang, Shen Yapeng, Chen Ru. Finite element analysis of mechanical properties of shape memory alloys[C] // Proc of ICCM-11. Gdd Coast, Austrain: Composite Structures, 1997.

[66] 高坚新, 沈亚鹏, 王子昆. 压电层合板的结构特性及优化分析[J]. 西安交通大学学报, 1998, 32(9): 76-80.

[67] 张博明, 杜善义, 王殿富. 光纤模斑谱传感器复合材料固化监测研究[J]. 实验力学, 1998, 13(4): 560-564.

[68] 刘彦菊, 张博明, 冷劲松, 等. 电流变体智能材料在交变电场下的透光性能研究. 功能材料, 2000, 31(2): 162-163.

[69] 魏俊, 韩耘, 赵建华. 用内埋电阻丝检测复合材料层压板损伤的可行性研究[J]. 实验力学, 1997, 12(2): 228-234.

[70] 陈伟民, 朱永, 封君, 等. 光纤法珀应变传感器系统的实验研究[J]. 土木工程学报, 2002, 35(4): 60-64.

[71] 任秀华, 陆荫, 麦汉超. 智能结构的建模技术初探强度与环境[J]. 1991, 1: 60-65.

[72] 余海湖, 赵愚, 姜德生. 智能材料与结构的研究及应用[J]. 武汉理工大学学报, 2001, 11(23): 37-41.

[73] Tapanes E E, Rossiter P L. Practiced Application of Fiber Optic Sensors to Engineered Structures for Real-time, Nondestructive Evaluation Using A Composite Material Patch[C]. ICC M9/II: 405-411.

[74] Roberts S S J, Davidson R. Cure and Fabrication Monitoring of Composite Materials with Fiber-optic Sensors[J]. Composite Science and Technology, 1993, (49): 265-276.

[75] Eric udd. Fiber Optic Smart Strutures for Aerospace Application[C]. Glasgow: First European Conference on Smart Structures and Materials, 1992: 7-10.

[76] Young P R. Insitu Composite Cure Monitoring Using Infraredtransmitting Optical Fibers[J]. SAMPE Journal, 1989, 25(2): 11-15.

[77] Sanders G, Akhavan F, Watkins S. et al. Fiber optic vibration sensing and neural networks for prediction of composite beam delamination[J]. SPIE, 1997,3041: 858-867.

[78] Pierce S, Philp W, Culshaw B, et al. Surface-bonded optical fiber sensors for the inspection of CFRP plates using ultrasonic Lamb waves[J]. Smart Materials and Structures, 1999(5): 776-787.

[79] Bhatia V, Schmid C, et al. Optical fiber sensing techniques for edge-induced and internal delamination detection in composites[J]. Smart Materials and Structures, 1995(4): 164-169.

[80] Chang C, Sirkis J. Impact-Induced Damage of Laminated Graphite/ Epoxy Composites Monitored Using Embedded In-Line Fiber Etalon

Optic Sensors[J]. J. of Intelligent Material System and Structures, 1997(8): 829-841.

[81] Kwon I, Kim C, Hong C. Simultaneous Sensing of the Strain and Points of Failure in Composite Beams with an Embedded Fiber Optic Michelson Sensor[J]. Composites Science and technology, 1997(57): 1639-1651.

[82] Andrea Cusano, Giovanni Breglio, Michele Giordano, et al. IEEE[C]// ASME International Conference on Advanced Intelligent Mechatronics Proceedings, 2001,7: 8-12.

[83] 王守德，刘福田，程新. 智能材料及其应用进展[J]. 济南大学学报, 2002, 5(16): 97-100.

[84] Akihito Hongo, Keisuke Fukuchi, et al. Embedded small-diameter fiber Bragg grating sensors and high speed wavelength detection[J]. Proceedings of SPIE, 2003(5050): 144-151.

[85] Shah M, Musa. Real-Time Signal Processing and Hardware Developpment for a Wavelength Modulated Optical Fiber Sensor System[C]. Doctor of Philosophy, 1997.

[86] Ignacio Perez, Hong-Liang Cui, Eric Udd. Acousti Emission Detection Using Fiber Bragg Gratings[J]. Header for SPIE use 2001, 4328: 209-215.

[87] W Gornall，T Amarel. Applications and techniques for fiber Bragg grating sensor measurements[R]. Fiber Bragg Grating Sensors White Paper Ⅰ of a series, 2003 .

[88] S Takeda, Y Okabe, N Takeda. Detection of delamination in composite laminates using small-diameter FBG sensors[J]. Smart Strutures and Materials, 2002: 138-148.

[89] Yoji Okabe, Shigeki Yashiro, Tatsuro Kosaka，et al. Detection of transverse cracks in CFRP composites using embedded fiber Bragg

grating sensors[J]. Smart Mater. Struct, 2000(9): 832-838.

[90] J Grant, R Kaul, S Taylor, et al. Distributed sensing of Carbon-Epoxy Composites and Composite wound pressure vessels using Fiber-Bragg Gratings[J]. Smart Structures and Materials, SPIE, 2003(5050): 187-196.

[91] Hideaki Iwaki, Hiroshi Yamakawa, Akira Mita. Fbg-Based Displacment and Strain Sensors for Health Montoring of Smart Structures[C]. Fifth International Conference on Motion and Vibration Control, 2000, 12: 4-8.

[92] Matthew J Bartow, Sean G Calvert, Philip V Bayly. Fiber Bragg Grating Sensors for Dynamic Machining Applications[C]//Udd Eric Kreger Stephen T, Bush Jeff.Proceedings of the SPIE Sixth Pacific Northwest Fiber Optic Sevsor Workshop. 2003,5278:21-31.

[93] Hiroshi Tsuda, Nobuyuki Toyama, Kei Urabe, et al. Impact damage detection in CFRP using fiber Bragg gratings[J]. Smart Mater. Struct., 13(2003): 719-724.

[94] Eric Udd, Whitten L Schulz, John M Seim. Measurement of multidimensional strain fields using fiber grating sensors for structural monitoring[J].SPIE, 1999,3860:24-34.

[95] J Seim, E Udd, W Schulz, et al. Composite Strengthening and Instrumentation of the Horsetail Falls Bridge with Long Gauge Length Fiber Bragg Grating Strain Sensors[J]. Proceedings of SPIE, 1999 (3746): 196.

[96] J Seim, E Udd, W Schulz, et al. Health Monitoring of an Oregon Historical Bridge with Fiber Grating Strain Sensors[J]. SPIE Proceedings, 1999(3671): 128.

[97] Dawn K Gifford, Brooks A Childers, Roger G Duncan. Structural integrity monitoring of aircraft panels using a distributed Bragg grating

sensing technique[J]. Proceedings of SPIE, 2003(5050): 358-366.

[98] B A Childers, M E Froggatt, S G Allison, et al. Use of 3000 Bragg grating strain sensors distributed on four eight-meter optical fibers during static load tests of a composite structure[J]. Smart Structures and Materials Conference, SPIE , 2001(4332): 133-142.

[99] W L Schulz, J P Conte, E Udd. Long Gage Fiber Optic Bragg Grating Strain Sensors to Monitor Civil Structures[J]. Proceedings of SPIE, 2001(4330): 56.

[100] 张博明, 杜善义, 王殿富. 光纤模斑谱传感器复合材料固化监测研究[J]. 实验力学, 1998, 13(4): 560-564.

[101] 刘彦菊, 张博明, 冷劲松, 等. 电流变体智能材料在交变电场下的透光性能的研究[J]. 功能材料, 2000, 31(2): 162-163.

[102] 熊克, 陶宝祺, 姚恩涛. 形状记忆合金扭力驱动器的力学模型和实验研究[J]. 航空学报, 2001, 22(4): 379-381.

[103] 魏俊, 韩耘, 赵建华. 用内埋电阻丝检测复合材料层压板损伤的可行性研究[J]. 实验力学, 1997, 12(2):228-234.

[104] 陈伟民, 朱永, 封君, 等. 光纤法珀应变传感器系统的实验研究[J]. 土木工程学报, 2002, 35(4): 60-64.

[105] 袁慎芳, 陶宝祺. 应用少量短电阻应变丝布置的损伤评估智能材料结构[J], 宇航学报, 1997, 7(18): 96-100.

[106] 石立华, 陶宝祺. 埋入压电元件的自诊断智能结构的理论分析与实验研究[J]. 实验力学, 1998, 9(13): 370-376.

[107] M M Abdel Wahab. Effect of Modal Curvatures on Damage Detecton Using Model Updating[J]. Mechanical Systems and Signal Processing, 2001, 15(2): 439-445.

[108] S Alampalli. Effects of Testing, Analysis, Damage and Environment on Modal Parameters[J]. Mechanical Systems and Signal Processing. 2000, 14(1): 63-74.

[109] A W Otieno, P Liu, V S Rao, et al. Damage Detection using Modal Strain Energy and Laser Vibrometer Measurements[J]. Smart Structures and Materials 2000. Proceeedings of SPIE, 2000(3985): 283-292.

[110] Anjan Dutta, S Talukdar. Damage detection in bridges using accurate modal parameters[J]. Finite Elements in Analysis and Design, 2004 (40): 287-304.

[111] 高芳清, 金建明, 高淑英. 基于模态分析的结构损伤检测方法研究[J]. 西南交通大学学报, 1998, 33(1): 108-113.

[112] 袁明, 贺国京. 基于模态应变能的结构损伤检测方法研究[J]. 铁道学报. 2002, 24(2): 92-94.

[113] 张启伟, 袁万城, 范立础. 大型桥梁结构安全检测的研究现状与发展[J]. 同济大学学报, 1997, 25(s): 76-81.

[114] Adams R D, Cawley P, Pye C J, et al. A vibration technique for nondestructively assessing the integrity of structures[J]. Journal of Mechanical Engineering Science, 1978, 20: 93-100.

[115] Cawley P, et al. The location of defects in structures from measurements of natural frequencies[J]. Journal Strain Analysis, 1979, 14(2):49-57.

[116] Cawley P, et al. A vibration technique for nondestructive testing of fiber composite structures[J]. Journal of Composite Materials, 1979,13: 161-175.

[117] Doebling S W, et al. A summary review of vibration-based damage identification methods[J]. The Shock and Vibration Digest, 1998: 92-105.

[118] West W M, Jr. Single Point Random Modal Test Technology Application to Failure Detection[J]. The Shock and Vibration Bulletion, 1982, 52(4): 25-31.

[119] West W M. Illustration of the Use of Modal Assurance Criterion to Detect Structural Changes in an Orbiter Test Specimen[C]. Proc. Air Force Conference on Aircraft Structural Integrity, 1984: 1-6.

[120] Farrar C R, Jauregui D A. Comparative study of damage identification algorithms applied to a bridge:i.Experiment[J]. Smart Material Structure, 1998, 7(5): 704-719.

[121] Fox C H J. The location of defects in structures: a comparison of the use of natural frequency and mode shape data. Las Vegas, Nevada: Proceedings of the 10th International Modal Analysis Conference, 1992(1): 522-528.

[122] Lam H F, J M Ko, C W Wong. Detection of Damage Location Based on Sensitivity Analysis[C]. Proc.of the 13th International Modal Analysis Conference, 1995: 1499-1505.

[123] Kim J H, Jeon H S, Lee C W. Application of the modal assurance criteria for detecting structural fault[C]. Proceedings of the 10th International Modal Analysis Conference, Las Vegas, Nevada, 1992(1): 536-540.

[124] Hearn G, Testa R B. Modal analysis for damage detection in structures[J]. Journal of Structural Engineering, ASCE, 1991, 117: 3042-3063.

[125] Ratcliffe C P. Damage detection using a modified Laplacian operator on mode shape data[J]. Journal of Sound Vibration, 1997, 204(3): 505-517.

[126] Rizos P F, et al. Identification of crack location and magnitude in a cantilever from the vibration modes[J]. Sound Vib.,1990,138(3): 381-388.

[127] Pandey A K, M Biswas, and M M Samman. Damage Detection from Changes in Curvature Mode Shapes[J]. Journal of Sound and

Vibration, 1991, 145(2): 321-332.

[128] Pandey A K, M Biswas. Damage Detection in Structures Using Changes in Flexibility[J].Journal of Sound and Vibration, 1994,169(1): 3-17.

[129] Liang Z, et al. On detection of damage location of bridges[C]. Proceedings of IMAC, 1996: 308-312.

[130] Samer H, et al. Damage detection using vibration measurements[C]. Florida: Proceedings of 15th IMAC, 1997: 113-116.

[131] Yoo S H. Detection and location of a crack in a plate using modal analysis[C]. Florida: Proceedings of 17th IMAC, 1999: 1902-1908.

[132] 史治宇, 等. 结构破损定位的单元模态应变能变化率法[J]. 振动工程学报, 1998, 11(3): 357-360.

[133] Stubbs N, J T Kim, K Topole. An Efficient and Robust Algorithm for Damage Localization in Offshore Platforms[C]. Proc. ASCE 10th Structures Congress, 1992: 543-546.

[134] Stubbs N, J T Kim, C R Farrar. Field Verifiation of a Nondestructive Damage Localization and Severity Estimation Algorithm[C]. Proc. 13th International Modal Analysis Conference, 1995: 210-218.

[135] Pandey A K, Biswas M. Damage detection in structures using changes in flexibility[J]. Journal of Sound and Vibration, 1994, 169: 3-17.

[136] 张德文, 魏阜旋. 模型修正与破损诊断[M]. 北京:科学出版社, 2000.

[137] 董聪. 现代结构系统可靠性理论及其应用[M]. 北京：科学出版社, 2001.

[138] Topole K G, Stubbs N. Non-destructive damage evaluation of a structure from limited modal parameters[J]. Earthquake Engineering and Structural Dynamics, 1995, 24: 1427-1436.

[139] Wu X, Ghaboussi J, Garrett J H. Use of neural networks in detection of structural damage[J]. Computers & Structures, 1992, 42: 649-659.

[140] Elkordy M F, Chang K C, Lee G C. Neural networks trained by analytically simulated damage states[J]. Journal of Computing in Civil Engineering, ASCE, 1993, 7: 130-145.

[141] Tsou P, Shen M-H H. Structural damage detection and identification using neural networks[J]. AIAA Journal, 1994, 32:176-183.

[142] Barai S V, Pandey P C. Vibration signature analysis using artifical networks[J]. J.Computing in Civ. Engrg. , ASCE, 1995, 9: 259-265.

[143] Zhao J, Ivan J N, DeWolf J T. Structural damage detection using artificial neural networks[J]. Infrastruct. Syst., ASCE, 1998,4: 93-101.

[144] Ferregut C M, Osegueda R A, Oritiz Jaime. Artificial neural networks for structural damage detection and classification[C] //Proc. of Smart Structures and Materials 1995. USA: SPIE, 1995: 68-80.

[145] Salawu O S.Detection of Structural Damage through Changes in Frequencies:A Review[J].Engineering Structures,1997,19(9):718-723.

[146] Pandey A K, et al. Damage Detection from Changes in Curvature Mode Shapes[J]. Journal of Sound and Vibration, 1991, 145(2): 321-332.

[147] Yam L H, et al. Theortical and Experimental Study of Modal Strain Analysis[J]. Journal of Sound and Vibration, 1996, 191(2): 251-260.

[148] Pandey A K, et al. Damage Detection in Structures using Changes in Flexibility[J]. Journal of Sound and Vibration, 1994, 169(1): 3-17.

[149] Liang Z, Lee G C, Kong F. On detection of damage location of bridges[C] // Proc. of 15th Intel Modal Analysis Conference. USA: SEM & SPIE, 1997: 308-312.

[150] Pandey A K, Biswas M. Damage detection from changes in curvature mode shapes[J]. Journal of Sound and Vibration, 1991, 145(2): 321-332.

[151] Xu Y, Miles R N. Nondestructive evaluation of the structural damage

based on the strain distribution information[C]// Proc. of Smart Structures and Materials 1995. USA: SPIE, 1995: 216-226.

[152] Basu A K, Matthews L K. Assessment of the current condition of structures using nondestructive modeling, and parameter estimation techniques[C] // Proc. of Smart Structures and Materials 1995. USA: SPIE, 1995: 242-257.

[153] Petro S H, Chen Shen-En, Ganga R H V S, et al. Damage detection using vibration measurements[C]// Proc. of 15th Intel Modal Analysis Conference. USA: SEM & SPIE, 1997: 113-119.

[154] Kong F, Liang Z, Lee G C. Bridge damage identification through ambient vibration signature[C] // Proc. of 14th Intel Modal Analysis Conference. USA: SEM, Union College & SPIE, 1996: 717-720.

[155] M I Friswell, John E, T Penny. The practical limits of damage detection and location using vibration data [C] // 11th VPI&SU symposium on structural dynamics and control. Blacksburg, Virginia, USA: VPI & SU, 1997: 31-40.

[156] 李德葆，诸葛鸿程，王波. 实验动态应变分析中的模态分析方法[J]. 固体力学学报, 1990, 11(4): 360-365.

[157] Yam L H, Li D B, et al. Experimental study on modal strain analysis of rectangular thin plates with holes. Proc. of IMAC XIII, 1994: 1415-1421.

[158] 董聪，丁辉，高嵩. 结构损伤识别和定位的基本原理与方法[J]. 中国铁道科学, 1999, 20(3): 89-94.

[159] 苏娟，陆秋海，管迪华. 神经网络法在定量损伤识别研究中的应用[J]. 清华大学学报, 1993, 39(34): 68-70.

[160] Yam L H, Li D B, et al. Experimental study on modal strain analysis of rectangular thin plates with holes. Proc. of IMAC XⅢ, 1994: 1415-1421.

[161] 李德葆. 模态分析的一般理论及其讨论[J]. 机械振动与噪声技术, 1998, 1(2): 1-8.

[162] Zou Y, Tong L, Steven G P. Vibration-based model-dependent damage(delamination) identification and health monitoring for composite structures[J]. Journal of Sound and Vibration, 2000, 230(2): 357-378.

[163] Banks H T, Joman D J, Lwo D J, et al. An experimentally validated damage detection theory in smart structure[J]. Journal of Sound and Vibration, 1996, 191: 859-880.

[164] 曹树谦, 张文德, 萧龙翔. 振动结构模态分析——理论、实验与应用[M]. 天津: 天津大学出版社, 2001.

[165] Sun X, Hardy H R. An Investigation on Application of Modal Analysis as Nondestructive Evaluation Method in Geotechnical Engineering[C]. Proceedings 10th International Modal Analysis Conference, 1992, 1: 9-19.

[166] 董聪, 丁辉, 高嵩. 结构损伤识别和定位的基本原理与方法[J]. 中国铁道科学, 1999, 20(3): 89-94.

[167] Bishop C M. Novelty detection and neural network validation[C]. IEEE Proc. On Visual Signal Process. USA, 1994, 141(4): 217-222.

[168] Nairac A, et al. Choosing an appropriate model for novelty detection[C]. IEEE Conference on Artificial Neural Network, USA, 1997, 440: 117-122.

[169] Worden K. Structural fault detection using a novelty measure[J]. Journal of Sound and Vibration, 1997, 201(1): 85-101.

[170] Chan T H T, Ni Y Q , Ko J M. Neural network novelty for anomaly detection of Tsing Ma bridge cables[C]. International Conference on Structural Health Monitoring 2000, Pennsylvania, USA, 1999: 430-439.

[171] Ko J M, Ni Y Q, et al. Structural damage alarming in Ting Kau bridge using auto-associative neural network[C]. Hong Kong: International Conference on Advances in Structural Dynamics, 2000.

[172] Ko J M, Ni Y Q, Chan T H T. Feasibility of damage detection of Tsing Ma bridge using vibration measurements[C]. Nondestructive Evaluation of Highways, Utilities and Pipelines IV, A E Aktan and S R Gosselin, SPIE, 2000, 3995: 370-381.

[173] 汪小帆, 王执铨, 宋文忠. 径向基函数神经网络的新型混合递推学习算法[J]. 控制理论与应用, 1998, 15(2): 272-276.

[174] Chen S. Recursive hybrid algorithm for nonlinear system identification using radial basis function networks[J]. Int J Control, 1992, 55(5): 1051-1070.

[175] Chen, M S，Manry M T. Basis vector analyses of back-propagation neural networks[J]. Circuit and Systems, 1991 (1): 23-26.

[176] Wen Jin, Zhao Jia, Luo Si Wei, et al. The improvements of BP neural network learning algorithm[J]. Signal Processing Proceedings, 2000 (3): 1647-1649.

[177] 蒋宗礼. 人工神经网络导论[M]. 北京：高等教育出版社, 2001.

[178] Wu X, Ghaboussi J, Garrett J H. Use of neural networks in detection of structural damage[J]. Computers & Structures.1992, 42: 649-659.

[179] Elkordy M F, Chang K C, Lee G C. Neural networks trained by analytically simulated damage states[J]. Journal of Computing in Civil Engineering, ASCE, 1993, 7: 130-145.

[180] Tsou P, Shen M H H. Structural damage detection and identification using neural networks[J]. AIAA Journal, 1994, 32:176-183.

[181] Barai S V, Pandey P C. Vibration signature analysis using artifical networks[J]. Computing in Civ. Engrg. , ASCE, 1995, 9: 259-265.

[182] Zhao J, Ivan J N, DeWolf J T. Structural damage detection using

artificial neural networks[J]. Infrastruct. Syst.,ASCE, 1998, 4: 93-101.

[183] Specht D F. Probabilistic neural networks for classification, mapping or associative memory[C]. Proceedings of the IEEE International Conference on Neural Networks, 1988, 1: 525-532.

[184] Specht D F. Probabilistic neural networks[J]. Neural Networks, 1990, 3: 109-118.

[185] Chen C H. Fuzzy logic and neural network handbook[M]. New York: McGraw-Hill, 1996.

[186] Masters T. Advanced algorithms for neural networks: A C++ source book[M]. John Wiley & Sons, Chichester, UK, 1995.

[187] Tian B , Azimi M R S. Comparison of two different approaches for satellite cloud data classification[J]. IEEE Transaction on Neural Networks, 2001, 12(1): 164-168.

[188] Wu X J, Ghaboussi , Garrett. Use of neural networks in detection of structural damage[J]. Computers and Structures, 1992,42(4): 649-659.

[189] Zhao J, Ivan J N , Dewolf J T. Structural damage detection using artificial neural networks[J]. Journal of Infrastructure Systems, 1998, 4: 93-101.

[190] Tsou P , Shen M H. Structural damage detection and identification using neural networks[J]. AIAA Journal, 1994, 32(1): 176-183.

[191] Stephens J E , Vanluchene R D. Integrated assessment of seismic damage in structures[J]. Microcomputers in Civil Engineering, 1994, 9(2): 119-128.

[192] Worden K A, et al. Neural networks for fault location[C]. Orlando: 11th International Modal Analysis Conference, 1993: 47-54.

[193] Pandey P C , Barai S V.Multilayer perceptron in damage detection of bridge structures[J].Computers and Structures, 1995,54(4):597-608.

[194] Kaminski P C. The approximation location of damage through the

analysis of natural frequencies with artificial neural networks[J]. Journal of Process Mechanical Engineering, 1995, 209(E2): 117-124.

[195] Lam H F, Ko J M , Wong C W. Localization of damaged structural connections based on experimental modal and sensitivity analysis[J]. Journal of Sound and Vibration, 1998, 210(1): 91-115.

[196] 张永怀, 刘君华. 采用 BP 神经网络及其改进算法改善传感器特性[J]. 传感技术学报, 2002, (3): 185-188.

[197] M Sahin, R A Shenoi. Quantification and localization of damage in beam-like structures by using artificial neural networks with experimental validation[J]. Engineering Structures,2003(25):1785-1802.

[198] Kammer D C. Sensor Placements for On-Orbit Modal Identification of Large Space Structures[J].Journal of Guidance, Control, and Dynamics,1991,14(2):252-259.

[199] Guyan R I. Reduction of stiffness and mass matrics[J]. AIAA Journal, 1995, 3 (2): 380.

[200] Thomas G Came, Clark R Dohmann. A Modal Test Design Strategy for Modal Correlation[C] // Proc 13th Intl Modal Analysis Conference. New York: Union College, Schenectady, 1995: 927-933.

[201] 清华大学土木系. 大型桥梁安全实时监测系统(悬索桥)[R]. 1997年度进展报告,1997.

[202] 张宏伟, 徐世杰, 黄文虎. 作动器/传感器配置优化的遗传算法应用[J]. 振动工程学报, 1999, 12 (4): 529-534.

[203] Holland J H. Adaptation in Nature and Artificial Systems[M]. Ann Arbor MI: University of Michigan Press, 1992.

[204] Goldberg D E. Genetic algorithms in search, Optimization and Machine learning[M]. Massachusetts: Addison Wesley Publishing Company, 1989.

[205] De Jong K A. An analysis of the behavior of a class of genetic adaptive

systems[D].Michigam University of Michigan,1975: 76-9381.

[206] Holland J H. Adaptation in natural and articicial systems: An introductory analysis with application to biology, control, and artificial intelligence. 1st edition[M]. Ann Arbor, MI: The University of Michigan Press, 1975; 2nd edition. Cambridge, MA: MIT Press, 1992.

[207] Cavicchio D J. Reproductive adaptive plane[C]. Proc Of the ACM 1972 Annual Conf, 1972: 1-11.

[208] Booker L B, Goldberg D E, Holland J H. Classifier systems and genetic algorithms[J]. Artificial Intelligence, 1989, 40: 135-282.

[209] Syswerda G. Uniform crossover in genetic algorithms [C]// Proc. of 3rd Int Conf On Genetic Algorithms. Morgan Kaufmann, 1989: 2-9.

[210] 韩祯祥,文福拴. 模拟进化优化方法简介[J]. 电力系统自动化, 1995, 19 (12): 5-10.

[211] Michalewicz Z. Genetic algorithms+data structure=evolution program[M]. Springer, 1992.

[212] 陈国良, 王熙法, 庄镇泉, 等. 遗传算法及其应用[M]. 北京:人民邮电出版社, 1996.

[213] Srinivas M, Patnaik L M. Adaptive Probabilities of crossover and mutation in genetic algorithms[J]. IEEE Transactions on Systems, Man and Cybernetics, 1994, 24 (4): 656-665.

[214] Ma Junshui, Liu Guizhong, Jia Yulan. The big mutation: an operation to improve the performance of genetic algorithms[J]. Control Theory and Application, 1998, 15 (3): 404-407.

[215] 吴斌, 涂序彦. 快速遗传算法研究[J]. 电子科技大学学报, 1999 (1): 49-53.

[216] Michalewiez Z, et al. Amodified genetic algorithm for optimal control problem[J]. Computers Math Application, 1992, 23 (12): 83-94.

[217] Hollstien R B. Artificial genetic adaption in computer control systems[C]. Ph D Dissertation, University of Michigan, 1971.

[218] Goldberg D E, Richardson J. Genetic algorithms with sharing for multimodal function optimization[C] // Lawrence Erlbaorn Associaters. Proc. of 2nd Int Conf On Genetic Algorithms, 1987: 41-49.

[219] Gregenstette J J. Incorprating problem specific knowledge into Genetic Algorithms[C] // Davis L Ed. Genetic Algorithms and Simulated Annealing. Pitman, 1987: 42-60.

[220] Orvosh D, Davis L. Using a Genetic Algorithms To Optimize Problems with Feasibility Constrains[C] // Proc of 1st IEEE Conf on Evolutionary Computation, 1994: 548-553.

[221] Chen H, Flana N S. Parallel Simulated Annealing and Genetic Algorithms: A Space of Hybrid Methods[C] // Springer Verlag. Parallel Problem Solving from Nature 3, 1994: 428-438.

[222] Joachim S. Parallel Genetic Algorithms: Theory and Application[M]. Amster dam ISO press, 1993.

[223] Holland J H. Adaptation in Natural and Artificial Systems: An Introductory Analysis with Applications to Biology, Control, and Artificial Intelligence[M]. 1st edition. Ann Arbor, MI: The University of Michigan Press, 1975; 2nd edition. Cambridge, MA: MIT Press, 1992.

[224] Wang Xiaoping, Cao Liming. Genetic Algorithm: Theories, Applications and Software Realing[M]. Xi'an: Xi'an Jiaotong University Press, 2002.